企业零事故运动系列

危 险 预 知

陶镕甫　远振胜　编著

煤 炭 工 业 出 版 社
· 北　京 ·

图书在版编目（CIP）数据

危险预知/陶镕甫，远振胜编著. --北京：煤炭工业出版社，2016

（企业零事故运动系列）

ISBN 978-7-5020-5436-6

Ⅰ.①危… Ⅱ.①陶… ②远… Ⅲ.①煤矿—矿山安全—基本知识 Ⅳ.①TD7

中国版本图书馆 CIP 数据核字（2016）第 179354 号

危险预知（企业零事故运动系列）

编　　著　陶镕甫　远振胜
责任编辑　唐小磊
编　　辑　王　晨
责任校对　孔青青
封面设计　盛世华光

出版发行　煤炭工业出版社（北京市朝阳区芍药居 35 号　100029）
电　　话　010-84657898（总编室）
　　　　　　010-64018321（发行部）　010-84657880（读者服务部）
电子信箱　cciph612@126.com
网　　址　www.cciph.com.cn
印　　刷　北京市郑庄宏伟印刷厂
经　　销　全国新华书店

开　　本　$710mm \times 1000mm^{1}/_{16}$　**印张**　7　**字数**　105 千字
版　　次　2016 年 11 月第 1 版　2016 年 11 月第 1 次印刷
社内编号　8299　**定价**　20.00 元

前 言

习近平总书记指出："人命关天，发展决不能以牺牲人的生命为代价。这必须作为一条不可逾越的红线。"坚决守住"安全"这条底线和红线，对于我们每个人来讲，就是要切实将"安全第一、生命至上"的理念内化于心、外化于行，转化为每个员工的自觉行动。

时间过得真快，距离我们的《危险预知活用方法》出版已经有七年的时间了。这几年我们一直在为企业作"零事故运动"方面的现场咨询，与服务的企业共同努力，取得了很好的安全业绩，所服务的企业全部消灭了死亡事故，一般事故下降了70% ~85% 。

一路走来，最大的体会是，先进安全的理念只有和生产现场相结合，只有和天天在现场操作的员工相结合，才能展现它的无限魅力。我们所咨询的对象大部分是现场的员工，有很多甚至是农民工。老师讲的课，他们有些听不懂、不会做。遇到这种情况，不能简单地说"员工素质低"，而应该说，是我们开发的课程没有完全适合他们的需要。

本书的读者对象是现场的管理人员和员工。为了便于理解，我们的主旨是少讲理论，多讲实操；力求用图解的形式，把复杂的问题简单化，简单的问题图表化，深入浅出，通俗易懂。我们的初衷是写一本真正让一线员工一看就懂、一用就灵、过目不忘、终身受益而且短时间内能读完的好书。

本书以"以人为本"的理念为主线，结合现场实践案例，自成一体。

世界上将企业的安全管理分成四个阶段：自然本能、严格监督、自主管理、团队管理。现场员工的幸福指数是随着管理阶段的不断提升而持续改变的。现在我国的很多企业还处于严格监督或者是自主管理的初级阶段。我们要实现中国梦，建成小康社会，推进社会主义现代化，为亿万员工造福，就必须紧紧依靠现场员工深入开展"零事故运动"，将企业安全管理水平提升至自主管理乃至团队管理阶段，将企业建设成世界上最安全的生产现场。

著名的经济历史学家汤恩比曾说："19 世纪是英国人的世纪，20 世纪是美国人的世纪，21 世纪是中国人的世纪。""零事故运动"在中国方兴未艾，21 世纪的中国一定是世界上最富强的国家之一，也一定是世界上最美丽、最安全的地方。现在正在从事"零事故运动"的人们，应该感谢这个时代，珍惜现在，坚定现在，用务实的行动和扎实的作风为"中国梦"注入正能量，做时代的"筑梦人"，努力实现中华民族的伟大复兴。

由于水平所限，书中若出现问题，敬请广大读者和专家给予批评指正。

作　者

2016 年 6 月

壹　安全生产重在预防

贰　危险预知活动主要工具方法

叁　危险预知卡片编制

安全生产重在预防

一、事故只是冰山一角

1. 冰山理论

1895 年,心理学家弗洛伊德与布罗伊尔合作发表《歇斯底里研究》,弗洛伊德著名的"冰山理论"也就传布于世。弗洛伊德认为:人的人格有意识的层面只是这个冰山的尖角,其实人的心理行为当中的绝大部分是冰山下面那个巨大的三角形底部,那是看不见的,但正是这看不见的部分决定着人类的行为。

2. 冰山下面巨大的三角形——人的不安全行为、物的不安全状态

对于事故教训而言,人们往往看到的只是露在水面上的事故危害,并没有意识到隐藏于下面的大量危险的存在,冰山下面的大量危险主要指人的不安全行为及物的不安全状态,而正是人的不安全行为及物的不安全状态才是事故的元凶。只有控制了人的不安全行为及物的不安全状态,才能最终有效地减少和防范事故的发生!

西方流传着这样一首民谣:丢失一个钉子,坏了一只蹄铁;坏了一只蹄铁,折了一匹战马;折了一匹战马,伤了一位骑士;伤了一位骑士,输了一场战斗;输了一场战斗,亡了一个帝国。安全生产管理借以这首民谣的意思来说:每一个人的不安全行为及物的不安全状态都是我们安全管理的一个"点",从点点滴滴做起,才能铸就安全的"万里长城"。

控制人的不安全行为及物的不安全状态是防止事故发生的重要途径

根据日本的统计资料:1969 年机械制造业休工 10 天以上的伤害事故中,96% 的事故与人的不安全行为有关,91% 的事故与物的不安全状态有关;1977 年机械制造业休工 4 天以上的 104638 件伤害事故中,与人的不安全行为无关的只占 5.5%,与物的不安全状态无关的只占 16.5%。这些统计数字表明,大多数工业伤害事故的发生,既与人的不安全行为有关,又与物的不安全状态有关。人的不安全行为与物的不安全状态是事故发生的直接原因,控制人的不安全行为及物的不安全状态是防止事故发生的重要途径。

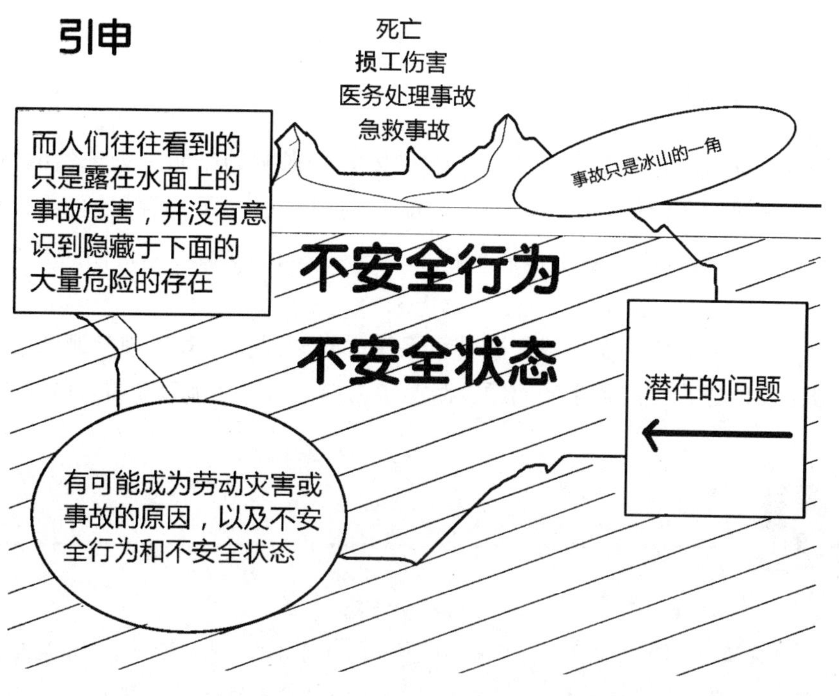

冰山理论

对策要点

现实中我们就是要从细节管理入手，抓好日常安全管理工作，减少“安全金字塔”最底层的不安全行为和不安全状态数量，从而实现企业当初设定的总体方针，预防重大事故的出现，实现全员安全。

二、防患于未然

古人说得好：凡事预则立，不预则废。它强调的是防患于未然的重要性。如果我们在做任何事情之前，都能学会用长远的眼光看问题，及早发现问题并解决问题，那么我们就能收到事半功倍的效果，否则将事倍功半！

对于安全工作来说，我们需要在工作中时刻保持一双发现问题的眼睛，积极主动地寻找可能发生的问题，防患于未然，这样才能预防事故的发生。

扁鹊三兄弟

根据典记，魏文王曾求教于名医扁鹊："你们家兄弟三人，都精于医术，谁是医术最好的呢?"扁鹊说："大哥最好，二哥差些，我是三人中最差的一个。"魏文王不解地说："请你介绍得详细些。"

扁鹊解释说："大哥治病，是在病情发作之前，那时候病人自己还不觉得有病，但大哥就下药铲除了病根，使他的医术难以被人认可，所以没有名气，只是在我们家中被推崇备至。我的二哥治病，是在病初起之时，症状尚不十分明显，病人也没有觉得痛苦，二哥就能药到病除，使乡里人都认为二哥只是治小病很灵。我治病，都是在病情十分严重之时，病人痛苦万分，病人家属心急如焚。此时，他们看到我在经脉上穿刺，用针放血，或在患处敷以毒药以毒攻毒，或动大手术直指病灶，使危重病人病情得到缓解或很快治愈，所以我名闻天下。"魏文王大悟。

魏文王曾求教于名医扁鹊

对策要点

事后控制不如事中控制，事中控制不如事前控制，可惜大多数的企业经营者均未能体会到这一点，等到错误的决策造成了重大损失才寻求弥补。弥补得好，当然是声名鹊起，但更多的时候是为时已晚。

三、杜邦公司的安全管理模式

1. 杜邦公司的安全业绩

杜邦公司100多年间形成了完整的安全体系，取得了丰硕成果并获得社会的广泛认同。杜邦公司一直保持着骄人的安全纪录：安全事故率比工业平均值低10倍，杜邦公司员工在工作场所比在家里安全10倍，超过60%的工厂实现了零伤害。杜邦公司在世界范围内的许多工厂都实现了20年甚至30年无事故（此事故是指休息1天以上的因公受伤造成的病假）。30%的工厂连续超过10年没有伤害记录。

据2004年统计，其属下的370个工厂和部门中，80%没有发生过工伤病假及以上的安全事故，至少50%的工厂没有出现过工业伤害记录，有20%的工厂超过10年没有发生过安全伤害事故。

杜邦已经成为“安全”的代名词，杜邦公司的安全管理已经具备了品牌价值。

杜邦公司将先进的安全系统和管理制度引入在华投资企业，并取得了良好的成绩。

深圳独资厂从1991年起，因无工伤事故而连续获得杜邦公司总部颁发的安全奖。

1993年，上海杜邦农化有限公司创下160万工时无意外伤亡，成为世界最佳安全纪录之一。

1996年，东莞杜邦电子材料有限公司凭借在安全方面的杰出记录，荣获美国总部的董事会安全奖。

2. 杜邦人今天的安全行为

（1）他们上下楼梯要手扶扶手。

（2）他们上车后的第一件事永远是系安全带（不分前后排）。

（3）他们不会因贪图美味而去安全设施不完备的小店，而且一般在就餐时都选在饭店一楼靠门口的地方。

（4）他们出差住酒店会选择比较低的楼层。

（5）他们开会或搞活动的第一件事是安全，要让所有人知道安全通道在哪里。

（6）他们停车一定是车头向外。

（7）他们用的笔一定是笔头向内。

（8）他们在工作时一定不会奔跑。

（9）他们开车时一定不会接、打电话（不管是否用耳机）。

（10）他们招聘了大批医学博士和医学教授。

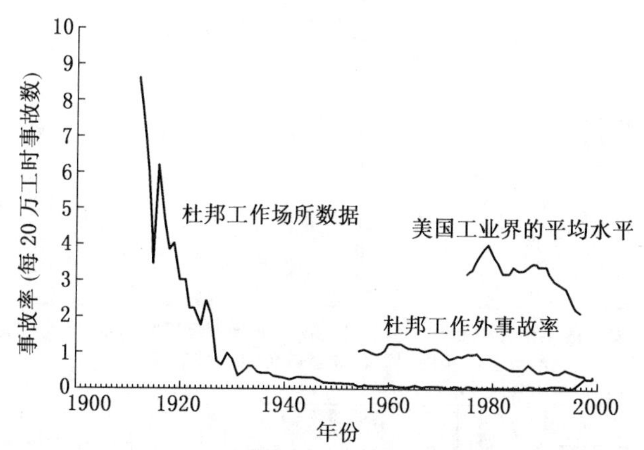

注：① 1914—1918年事故率的上升反映了第一次世界大战期间杜邦超常规扩大生产以及大量使用新工人带来的后果；② 类似的情况也发生在第二次世界大战期间，但相比一战时期要好得多；③ 从 1998 年开始将人机功效的数据包含在统计数据中

杜邦的安全业绩

杜邦的十大安全理念

（1）所有安全事故是可以防止的。

（2）各级管理层对各自的安全直接负责。

（3）所有安全操作隐患是可以控制的。

（4）安全是被雇佣的一个条件。

（5）员工必须接受严格的安全培训。

（6）各级主管必须进行安全检查。

（7）发现的安全隐患必须及时改正。

（8）工作外的安全和工作中的安全同样重要。

（9）良好的安全就是一门好的生意。

（10）员工的直接参与是关键。

四、提高员工的安全感悟性——从“要我安全”变为“我要安全、我会安全”

为什么员工会有危险的行为？主要原因有：

（1）知识教育的不足——不知道作业场所的危险。

（2）技术（经验）的不足——虽然知道作业有危险但不会安全的作业方法。

（3）意识的欠缺——虽然知道作业场所的危险，并且了解安全作业的方法，但嫌麻烦（懒惰、懈怠）不去做。

（4）人为失误——以人的特性会造成的失误。

危险预知活动主要工具方法

一、墨菲定律

（1）任何一件事情,如果客观存在着发生某种事故的可能性,不管这个可能性有多小,重复去做时,事故总会在某一时刻发生。行为决定了结果。

（2）在安全生产中，有些小的隐患和违章在一次或数十次过程中也许不能导致事故，但是总维持这种状态终究是会发生事故的。侥幸和麻痹是很多血淋淋事故的根源。

墨菲定律

爱德华·墨菲（Edward A. Murphy）是美国爱德华兹空军基地的上尉工程师。他曾参加美国空军于1949年进行的MX981实验。这个实验的目的是为了测定人类对加速度的承受极限。其中有一个实验项目是将16个火箭加速度计悬空装在受试者上方。当时有两种方法可以将加速度计固定在支架上，而不可思议的是，竟然有人有条不紊地将16个加速度计全部装在错误的位置。于是墨菲做出了这一著名的论断。

换种说法：假定你把一片干面包掉在地毯上，这片面包的两面均可能着地。但假定你把一片一面涂有一层果酱的面包掉在地毯上，常常是带有果酱的一面落在地毯上。在事后的一次记者招待会上，斯塔普将其称为“墨菲法则”，并以极为简洁的方式作了重新表述：凡事可能出岔子，就一定会出岔子。墨菲法则在技术界不胫而走，因为它道出了一个铁的事实：技术风险能够由可能性变为突发性的事实。

几个月后这一“墨菲定律”被广泛引用到与航天机械相关的领域。经过多年，这一“定理”逐渐进入习语范畴，其内涵被赋予无穷的创意，出现了众多的变体，其中最著名的一条也被称为Finagle’s Law（菲纳格定律），具体内容为If anything can go wrong，it will（会出错的，终将会出错）。这一定律被认为是对“墨菲定律”最好的模仿和阐述。

墨菲定律的主要内容是，事情如果有变坏的可能，不管这种可能性有多小，它总会发生。

根据“墨菲定律”，我们可以知道：

（1）任何事都没有表面看起来那么简单。

（2）所有的事都会比你预计的时间长。

（3）会出错的事总会出错。

（4）如果你担心某种情况发生，那么它就更有可能发生。

墨菲定律：

1000-1=0 的启示

最简单的表达形式——有可能出错的事情，就会出错

在数理统计中，有一条重要的统计规律：假设某意外事件在一次实验(活动)中发生的概率为$p(p>0)$，则在n次实验（活动）中至少有一次发生的概率为：p_n

由此可见，无论概率p多么小(即小概率事件)，当n越来越大时，p_n越来越接近1

$$P_n = 1-(1-P)^n$$

墨菲定律

墨菲定律启示

安全管理的目标是杜绝事故的发生，而事故是一种不经常发生和不希望发生的意外事件，这些意外事件发生的概率一般比较小，就是人们所称的小概率事件。由于这些小概率事件在大多数情况下不发生，所以，往往被人们忽视，产生侥幸心理和麻痹大意思想，这恰恰是事故发生的主观原因。墨菲定律告诫人们，安全意识时刻不能放松。要想保证安全，必须从我做起，采取积极的预防方法、手段和措施，消除人们不希望发生的意外事件。

二、头脑风暴法

头脑风暴法应用于危险预知活动的主要优势在于能够把许多个人的努力联合起来，产生一些个体不会产生的想法（集体大于个体相加之和）。团队成员会互相“骑肩”和“蛙跳”。“骑肩”意味着有很多新概念是像砌砖头一样堆砌而成的，这些新概念包括团队成员提出的一个个词语、肢体语言、陈述（包括推理、反转、同意、反对）等。“蛙跳”是指导致不同分歧的反应上的跳跃。每个团队成员在经验、技巧和个性上都有所不同，头脑风暴法会产生各式各样的“骑肩”和“蛙跳”，进而快速创造出许多现场意想不到的危险预知活动解决方案。

头脑风暴法

20世纪30年代的一天，20岁穷困潦倒的美国青年奥斯本（Alex F. Osborn）怀揣一篇论文，来到一家广告公司应聘。公司老板一看，论文中用词不当的地方比比皆是，实在看不到熟练的写作技巧。老板把论文给各部门经理传阅，没有一个部门经理愿意聘用奥斯本。

但老板还是决定试用奥斯本3个月，因为他从论文中，看到了许多创造性的火花。

试用期内，奥斯本每天提出一项革新建议，其中不少在公司中发挥了重大作用。

1938年，奥斯本已是纽约BBDO广告公司的副经理，这一年，他首次提出了一种激发创造性思维的方法——头脑风暴法（Brain storming）。头脑风暴法奠定了创新学的基础，A·F·奥斯本被人们尊称为创新学之父。

在群体决策中，由于群体成员心理相互作用影响，易屈于权威或大多数人意见，形成所谓的“群体思维”。群体思维削弱了群体的批判精神和创造力，损害了决策的质量。为了保证群体决策的创造性，提高决策质量，管理上发展了一系列改善群体决策的方法，头脑风暴法是较为典型的一个。

运用头脑风暴法组织会议，针对某一主题，营造自由愉快、畅所欲言的气氛，让所有参加者自由提出想法或点子，并以此相互启发、相互激励、引起联想、产生共振和连锁反应，从而可以诱发更多的创意及灵感。

例如，在美国国防部制订长远科技规划时，曾邀请50名专家采取头脑风暴法开了两周会议。参加者的任务是对事先提出的长远科技规划提出异议。经过讨论，原规划文件中的内容只有25% ~30%得到保留。由此可以看到头脑风暴法的价值。

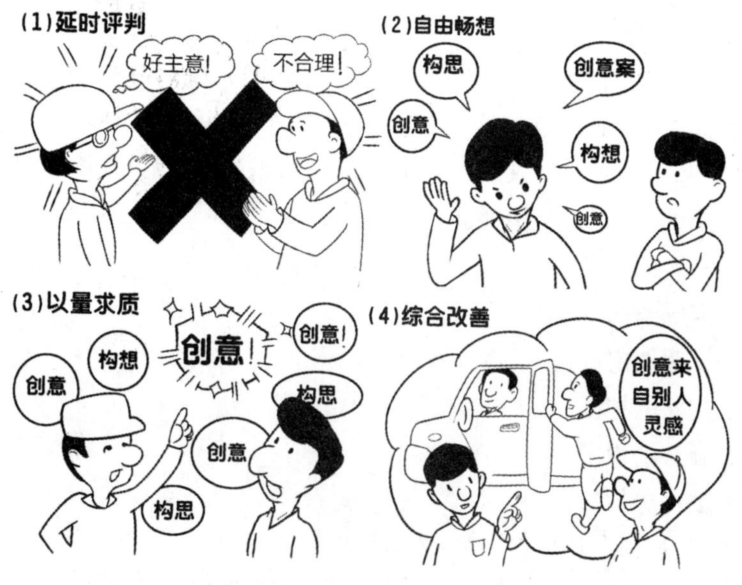

头脑风暴法

头脑风暴法的四项基本原则

（1）延时评判原则。对各种意见、方案的评判必须放到最后阶段，此前不能对别人的意见提出批评和评价。认真对待任何一种设想，而不管其是否适当和可行。

（2）自由畅想原则。欢迎各抒己见，自由鸣放，创造一种自由、活跃的气氛，激发参加者提出各种荒诞的想法，使与会者思想放松，这是头脑风暴法的关键。

（3）以量求质原则。追求数量。意见越多，产生好意见的可能性越大，这是获得高质量创造性设想的条件。

（4）综合改善原则。探索取长补短和改进办法。除提出自己的建议外，鼓励参加者对他人已经提出的设想进行补充、改进和综合，强调相互启发、相互补充和相互完善，这是头脑风暴法能否成功的标准。

三、QC小组

1. QC小组概念

QC小组（质量控制小组，中文译名：品管圈）就是由相同、相近或互补的工作场所的人们自动自发组成数人一圈的小圈团体，全体合作、集思广益，按照一定的活动程序来解决工作现场、管理、文化等方面所遇到的问题及课题。它是一种比较活泼的品管形式。

2. 基本步骤

（1）课题的选定。

（2）课题选定说明（选定理由）。

（3）现状的把握。

（4）目标的设定。

（5）要因的解析。

（6）活动计划（活动安排或人员分工）。

（7）要因调查与对策(针对解析出的要因进行调查,区分真因与非真因)。

（8）效果确认。

（9）再发防止。

（10）今后推进方向（今后发展方向，成果推广）。

（11）活动记录（活动总结）。

（12）QC完成效果审核（小组能力评价，确认实施效果及总结）。

QC小组活动

QC小组活动在我国开展有深厚的基础。早在20世纪50年代初期，就有马恒昌小组、毛泽东号机车组、郝建秀小组、赵梦桃小组等一大批先进的班组，坚持“质量第一”的方针，对工作认真负责，一丝不苟，在提高产品质量上不断作出贡献，提供了班组质量管理的好经验。60年代，大庆油田坚持“三老四严”“四个一样”和“质量回访”制度，在班组内开展岗位练兵，天天讲质量，事事讲严细，做到“项项工程质量全优”，出了质量问题就“推倒重来”。1964年，洛阳轴承厂滚子车间终磨小组首创了“产品质量信得过”活动，多年来加工的轴承滚子做到了“自己信得过，检验员信得过，用户信得过，国家信得过”，成为我国第一批“产品质量信得过小组”。所有这些群众性质量管理活动，为QC小组在我国的建立和发展奠定了基础。1978年9月，北京内燃机总厂在学习了日本的全面管理经验后，建立了我国第一个QC小组。此后，随着全面质量管理的开展，QC小组活动逐步扩展到电子、纺织、基建、商业、运输、服务等行业。

QC 小组活动

QC小组活动的作用

（1）有利于开发智力资源，发挥人的潜能，提高人的素质。
（2）有利于预防和改进质量、成本、安全、设备等问题。
（3）有利于实现全员管理。
（4）有利于改善人与人之间的关系，增强人的团结协作精神。
（5）有利于改善和加强管理工作，提高管理水平。
（6）有利于提高顾客的满意度。

四、二八定律

1. 概念

二八定律又名80/20法则、帕累托法则（定律）、最省力的法则、不平衡原则等，被广泛应用于社会学及企业管理学等。

2. 二八定律在企业的运用

1）战略目标

一般企业都会有一个中长期的总体战略目标，可以运用树状分析法，细化分解企业总体战略目标：首先在各个运营单位的层面上分解形成相应的运营单位目标，然后按照部门设置将每个运营单位目标分解为部门目标，再按照业务流程将部门目标分解为流程目标。通过层层分解，最终把企业总体战略目标分解为金字塔形的目标体系。

2）识别风险

建立目标体系后，运用80/20法则识别和确立主要风险。首先，按目标体系识别各层级目标面临的各种风险因素，广泛、系统地收集与风险因素相关的内、外部信息，并对可能导致的各种潜在风险事件及影响后果分门别类地进行分析。其次，采用定量和定性的方法，逐个或逐类评估风险因素发生的概率及其影响程度，并按照优先原则划分和确立必须进行管理和控制的20%的主要风险。

二 八 定 律

1897年，意大利经济学者帕累托偶然注意到19世纪英国人的财富和收益模式。在调查取样中，发现大部分的财富流向了少数人手里。同时，他还从早期的资料中发现，在其他的国家这种微妙关系也一再出现，而且在数学上呈现出一种稳定的关系。于是，帕累托从大量具体的事实中发现：社会上20%的人占有80%的社会财富，即财富在人口中的分配是不平衡的。

同时，人们还发现生活中存在许多不平衡的现象。因此，二八定律成了这种不平等关系的简称，不管结果是不是恰好为 80% 和 20%（从统计学上来说，精确的 80% 和 20% 出现的概率很小）。习惯上，二八定律讨论的是顶端的 20%，而非底部的 80%。人们所采用的二八定律，是一种量化的实证法，用以计量投入和产出之间可能存在的关系。

80/20法则

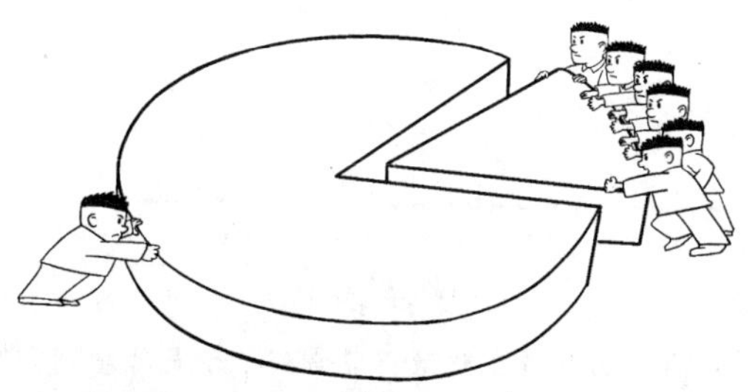

20%的事决定80%的成果
20%的客户决定80%的利润
20%的产品带来80%的绩效
20%的员工创造80%的业绩
20%的项目决定作业80%的风险

二八定律

80/20法则的启示

大智有所不虑，大巧有所不为。工作中应避免将时间花在琐碎的多数问题上，因为就算你花了80%的时间，你也只能取得20%的成效，出色地完成无关紧要的工作是最浪费时间的。你应该将时间花在重要的少数问题上，因为解决了这些重要的少数问题，你只花20%的时间，即可取得80%的成效。工作中我们要学会“不钓小鱼钓鲸鱼”，如果你抓了100条小鱼，你所拥有的不过是满满一桶鱼，但如果你抓住了一条鲸鱼，你就不枉此行了。

五、现地现物现认

1. 什么是现地现物现认

所谓现地现物现认，就是基于现场和实物的现状，面向实际过程，多问为什么，进而找到真因，解决问题。

大野圈圈

年轻的丰田员工C自认为改善工作做得非常好，于是就跑到大野先生那里去汇报："改善工作已经做好了。"

大野先生听了之后没有说话，和他一起来到生产现场。转了一会儿，大野先生指着一台车床说："去那里画一个圆圈。"C觉得很奇怪，就在车床边上画了个小圈。"那么小的圈能站住人吗？重新画！"C赶忙又重新画了一个圈，然后大野先生只说了句"站在圆圈里仔细观察生产现场"就转身离开了。

大野先生的命令向来没人敢反驳，虽然不理解其中的缘由，C也只能乖乖地服从。

到了中午，C忍不住想去厕所，于是就从圆圈中走了出来。可是没想到运气太差，刚好被路过的大野先生发现。"为什么要走出去?""只是想去一下厕所……""吃完午饭后继续站在这里，出去的时候必须先和旁边的人打招呼。"说完后大野先生又径自离去了。C感到很无奈，不过也只能老老实实地站到了傍晚，至于观察什么、为什么要观察，他也没有想太多，只是呆呆地站在那里瞪着眼睛看。到了傍晚，大野先生走过来问："发现什么问题了吗?""还没有……"C只能胆怯地如实回答。大野先生想了一下，又说："今天可以下班了，明天继续站在这里观察。"C非常想问要观察什么，可是一想到大野先生一定会说"自己去想"，所以话到嘴边又咽了回去。第二天早晨，C又重新站在圆圈中。这回他好像发现了一些问题，不过，至于到底是什么却又说不清楚。

中午的时候，大野先生又走了过来。"发现问题了吗?""是的，不过好像说不清楚具体是什么问题。"C还是如实地回答。这回大野先生指着生产现场说："看看工人们的工作方法。你说'已经完成了改善'，可是你的改善却让他们的工作效率更低。既然已经发现了问题，那就赶紧想办法解决吧。"

听到这些话，C确实感到了问题的所在。于是，他赶紧找现场的工人谈话，询问他们的意见，然后积极地加以解决。

C自以为改善已经完成，可是却没有观察改善的结果。虽然大野先生一眼就看穿了这个问题，但是并没有直接指出来，而是让他站在圆圈中自己观察。这深刻地教会了C两个问题：仔细观察生产现场，重视改善的结果。用一天半的时间去观察现场，这种经历对C来说一定终生难忘，并对今后的工作产生了深远影响。

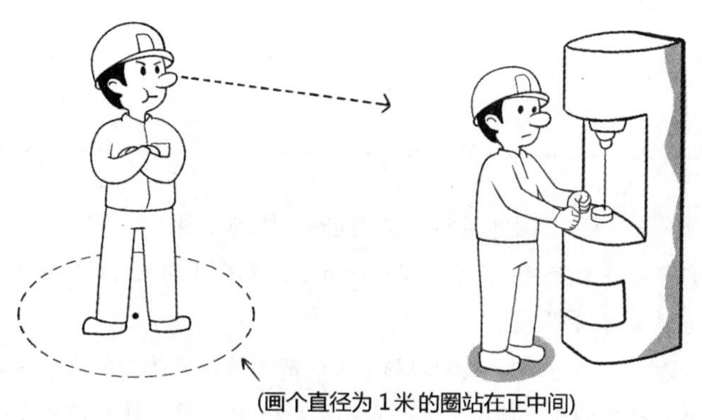

大野圈圈

现地现物现认三原则

（1）现地：人到现场，而不是在办公室主观臆断。

（2）现物：面向实物，了解问题的实际状态。

（3）现认：调查问题，把握现状，分析真因。

现地现物现认不是在办公室做流程、编标准，是把工作做到现场现物，这样可以最贴近实际过程，针对病症，拿出最有疗效的“处方”。

2. 深入现场挖掘关键性问题

我们的现场（工序）经常会遇到很多顽固、易于失控或代价不可接受的问题，这些问题对生产及安全影响很大，经常让我们手足无措。

但这些问题哪个是关键问题，则必须通过现地现物现认（三现）才能发现。

未实施三现，可能会得到错误的信息，或忽略重点信息。

三现的目的，在于针对现场问题，全盘掌握事实，挖掘真因。而未实施三现，不可能把握事件的全貌，极有可能治标不治本，同样问题或者安全隐患就有可能重复发生。

深处现场　发现问题　找到真因

某个生产厂家邀请大野耐一先生去参观指导。大野先生向随行的陪同人员问道："这项作业大概需要多长时间?"

"15分钟左右吧。"职员们一般对现场不太了解，所以只是应付地回答了一下。可是没想到大野先生却停下脚步，站在那里一直观察。15分钟后，作业仍然没有结束。于是他对随行人员说："好像还没有结束啊。因为工作方法中存在很多浪费才拖延了时间，所以赶快改善吧!"

经常深处现场，仔细观察，发现问题，再寻找真正的原因。

很多时候，我也向大野先生汇报"改善已经完成"，可是却总是被反问道："结果能否经得起推敲?"大野先生始终认为，应该把现场当作一张白纸，一切问题都去现场寻找答案。

丰田财团的创始人丰田佐吉先生为了发明自动织机，曾无数次亲自拜访技术熟练的老技师，大野先生也是一样。改善必须要在对现场充分了解的基础上进行，所以他总是会对我和周围的人说："经常去现场观察，才能发现应该做什么，应该改善什么。"

深入现场挖掘关键性问题

5why（问题——要因——真因）

所谓5why分析法，又称“5问法”，也就是对一个问题点连续以5个“为什么”来自问，以追究其根本原因。虽为5个为什么，但使用时不限定只做“5次为什么的探讨”，为了找到根本原因，有时可能只要问3次，有时也许要问10次，正如俗语所言：打破砂锅问到底。5why分析法的关键所在：鼓励解决问题的人努力避开主观或自负的假设和逻辑陷阱，从结果着手，沿着因果关系链条，顺藤摸瓜，直至找出原有问题的根本原因。

问题一：为什么机器停了？答案一：因为机器超载，保险丝烧断了。

问题二：为什么机器会超载？答案二：因为轴承的润滑不足。

问题三：为什么轴承会润滑不足？答案三：因为润滑油泵失灵了。

问题四：为什么润滑油泵会失灵？答案四：因为它的轮轴耗损了。

问题五：为什么润滑油泵的轮轴会耗损？答案五：因为杂质跑到里面去了。

经过连续5次不停地问“为什么”，才找到问题的真正原因和解决的方法，从而在润滑油泵上加装滤网。

3. 现地现物，应用丰田工作法解决问题

解决关键问题的最佳对策就是现地现物，面向现场、现物、现认，运用丰田工作法，找到有效的对策，并通过标准化使效果持续。

丰田工作法包括所谓的10个意识、8个步骤。

1）10个意识

（1）客户至上：下道工序就是我的客户。

（2）经常自问自答“为了什么”：执行时不要忘记初衷。

（3）当事者意识：不推诿，敢于担责任。

（4）可视化：让大家都能看到。

（5）依据现场和事实进行判断：结合现地现物，抛弃先入为主的观念。

（6）彻底地思考和执行。

（7）速度时机：注重效率，把握适当的时机。

（8）诚实正直：实事求是，按照既定的程序开展工作，虚心听取别人的意见。

（9）实现彻底的沟通：集中相关人员的智慧。

（10）全员参与：让相关人员都参与进来。

2）解决问题的8个步骤

（1）明确问题：确定你要做什么，解决什么问题。

（2）分解问题：把大问题分解成若干小问题，然后识别其中主要问题，集中精力去解决。

（3）设定目标：依据问题和能力现状，设定带有挑战性的目标。

（4）把握真因：运用5W（5why）方法，追查问题的真因。

（5）制定对策：依据真因，制定有效的对策。

（6）贯彻实施对策。

（7）评价结果和过程。

（8）巩固成果：巩固成果的唯一正确方法，就是标准化，即把成功的做法，通过标准化固定下来，使成果巩固。

丰田基于现地现物的工作方法恰恰是解决我们现场安全、质量、成本等问题的钥匙，即善于立足现场寻找对策，建立解决问题的控制体制，并使之常态化受控。

丰田工作法

三现小结

1. 4个要求

（1）心态归“0”。

（2）全面分析原因（4M1E——人、机、料、法、环）。

（3）验证要严谨。

（4）反复深化。

2. 三现分析成功标准

（1）找到根本原因（有对策，可管理）。

（2）对策有效。

（3）能制作安全隐患（不良）系统图。

4. 现地现物现认方法小结

三现 — 现地现物现认
- *机种、零件名称/号码
- *发生场所/环境/使用条件
- *发生现象/问题
- *发生日期
- *发生件数/严重性
- *制造日期/批量性
- *不良现物品质确认
- *量产中品质水准确认
- *安全生产事故调查
- *设计变更履历
- *其他异常履历等

五原则
- 1. 事实把握
  - ◎现状把握目的
    - (1)针对问题，全盘调查事实
    - (2)掌握变异(机遇/非机遇原因)
    - (3)归纳可疑方向
- 2. 真因追查
  - •问题→要因→真因
  - 查明真因
    - 4M1E
    - 5W 分析
    - 鱼刺图
    - 再现实验
      - NG 再现
      - OK 再现
  - 查明真因
  - 4M1E
  - 4M1E
- 3. 对策适当
  - 临时对策
  - 永久对策
    - 现场治本对策
    - 水平展开对策
- 4. 效果确认
  - 对策情报传达
    - 现场监督者
    - 现场操作者
    - 相关方
  - 对策内容效果确认
    - 临时对策执行成效
    - 长期对策执行成效
  - 实际水准效果确认
    - 人的不安全行为的变化
    - 物的不安全状态的变化
    - 管理缺陷的变化
    - 环境因素的变化
- 5. 源流回馈(标准化)
  - 标准化文件
    - 管理标准化
    - 现场标准化
    - 操作标准化
  - 标准修订

现地现物现认方法小结

危险预知卡片编制

一、危险预知基本认识

1. 危险预知的概念

危险预知也称 KYT，KYT 是取日文罗马拼写危险（Kiken）的 K，预测（Yochi）的 Y 和训练（Training）的 T 三个词的字头组成，即危险预知训练。

它是针对生产的特点和作业工艺的全过程，为了提高对危险的感知性，在异常处置上（如无作业要领书的情况下）以人的不安全行为和物的不安全状态为对象，以作业班组为基本组织形式，开展的一项安全教育和训练活动。

它是一种群众性的“自我管理”活动，目的是控制作业过程中的危险，预测和预防可能发生的事故。

2. 起源

危险预知起源于日本住友金属工业公司的工厂，后经三菱重工业公司和长崎赞造船厂发起的“全员参加的安全运动”发展，1973 年经日本中央劳动灾害防止协会推广，形成技术方法，在 NISSAN 等众多日本企业获得了广泛运用，被誉为“零灾害”的支柱。20 世纪 80 年代后开始在世界范围内传播，经过 40 多年的实践发展，已成为当今世界企业安全管理的重要方法之一。

危险预知训练扎根东汽班组

《工人日报》（2011 年 7 月 9 日第 6 版）

7 月 4 日，东风汽车悬架弹簧公司例行对班组进行二季度安全工作诊断。“老潘，今天到你们班组进行安全诊断，准备咋样了?”“这已经是日常性的工作了，随时欢迎你们来指导。”检查科检查一班班长潘瑞海对本班组工作表现的很自信。其实，潘瑞海的这种自信是 KYT 危险预知训练活动已深深扎根在班组的结果。

起初，KYT活动并不被员工看好，安全主管部门花费了大量时间和精力，编制、印发KYT学习资料，制作了《KYT演练标准》等音像资料，并采取集中培训、文艺小品、现场演练、观摩等灵活多样的方式，把KYT活动作为安全管理工作的载体，对班组不定期开展活动，部门每月自主诊断，公司季度验收诊断，并将诊断得分与部门、班组绩效考核挂钩。这样一来，安全事故大大降低，KYT活动在班组员工的逐步认可和接受下在班组扎根、落户。

潘瑞海告诉笔者：作为KYT活动的直接实施者和受益者，KYT活动切切实实能提高员工对危险的感受性、对作业的注意力，从而控制作业过程中的危险，预测和预防可能出现的事故，提升现场改善水平和全员安全意识，预防和减少安全事故的发生。

该公司把KYT活动与现场安全管理PDCA循环有机地结合，进而从根本上控制人的不安全行为和物的不安全状态，预防安全事故的发生，实现了安全零事故的目标。

目前，KYT活动已深入扎根在公司员工心中，并成为班组日常管理活动中一项不可缺少的工作内容。

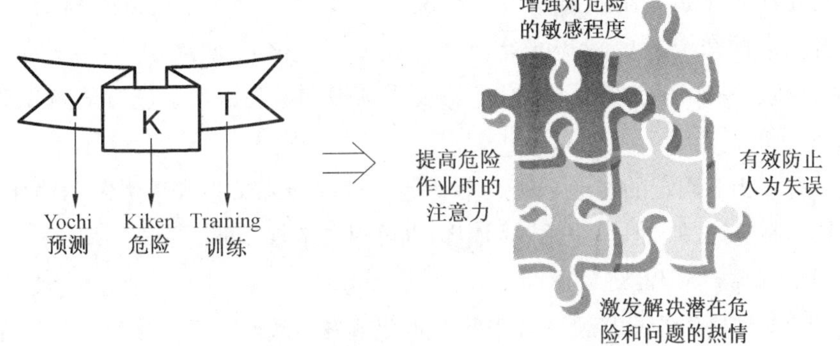

危险预知训练

危险预知作用

（1）增加现场作业员工对危险的敏感程度。
（2）提高现场作业员工作业时的注意力。
（3）有效防止人为失误。
（4）激发解决潜在危险和问题的热情。

二、需要编制危险预知卡片的情况

一般情况下，有4种场合要进行危险预知：常规作业、正常维修作业、班组间组合（交叉）作业、抢修抢险作业。

1. 常规作业（相对固定的生产岗位作业）

常规作业是指生产周期、作业顺序、作业方法、作业节拍及人员相对固定的作业，如冶金企业中的炼钢、炼铁、轧钢、烧结；汽车制造企业中的冲压、焊接、涂装、总装等。常规作业危险预知卡片一般情况下按作业（工序）编制。通过一段时间试运行后，车间可根据实际情况，组织从事相同工作的各横班（四班两倒的班组）讨论修改，编制标准作业活动卡片。在异常处置上（如无作业要领书的情况下）要形成异常处置危险预知卡片，或者危险预知卡片要覆盖异常处置中的主要危险。如果生产工作的条件（人、机、料、法）发生了变化，则要重新识别危险因素，进行危险预知活动。

有些相对固定的作业，如汽车制造厂负责物流叉车或牵引车运输作业，虽然不制造产品，但作业相对固定，也可视同常规作业。

2. 正常维修作业

正常维修作业是指设备技术状态劣化或发生故障后，为恢复其功能而进行的设备保全活动。

有些企业生产现场设备布局比较集中，检修场地比较狭小，往往纵横交错、立体交叉，设备内外、高空地下同时进行。维修作业时，往往有动火作业、登高作业、受限空间内作业、起重作业、电气作业、拆装作业等同时进行，如果组织不严密、计划不周全，就容易发生事故。因此，在设备维修前要以维修项目为对象编制危险预知卡片，如果维修任务时间比较长，班组长要针对维修小项目每天编写一份危险预知卡片。

3. 班组间的组合（交叉）作业

交叉作业指两个或两个以上工种（或生产经营单位）在同一个区域内作业或进行生产经营活动，包括立体交叉作业和平面交叉作业。此类作业由管理者指派项目负责人，负责危险预知活动的组织实施。

4. 抢修抢险作业

抢修抢险作业是紧急情况下从事的作业活动，不适于执行一般性的安全操作规程，安全可靠性较差，尤其是抢修抢险作业在没有应急预案的情况下，容易发生人身伤亡或设备损坏，事故后果严重，需要采取特别的控制措施。参与此类作业的单位或部门应在有条件的情况下，根据作业内容形成抢修抢险危险预知卡片，在作业前让参与抢险的员工熟知。抢修抢险时，由现场负责人监督执行。

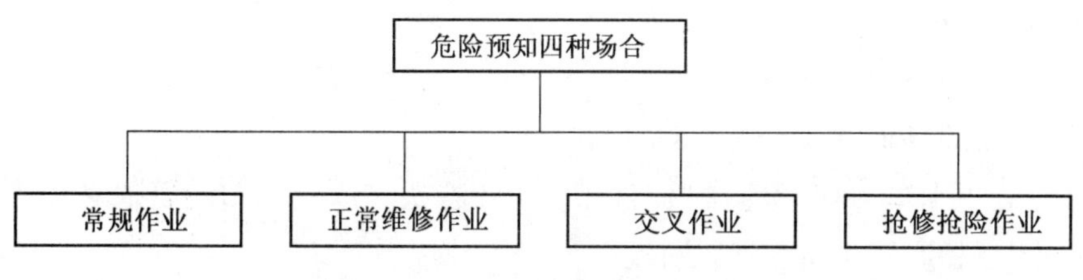

编制危险预知的场合

危险预知卡片编制要点

（1）编制常规作业危险预知卡片重点是异常处置。

（2）编制正常维修作业危险预知卡片重点是主要危险，例如电焊作业的主要危险是触电和火灾。

（3）编制交叉作业危险预知卡片重点是平面交叉或立体交叉中主要危险，如立体交叉作业时的物体打击、高处坠落等，平面交叉时的机械伤害、触电等。

（4）编制抢修抢险作业危险预知卡片时，尤其是没有应急预案或现场情况与应急预案不对应时，这时的重点既有正常维修作业时的主要危险又有交叉作业时的主要危险，如中毒窒息、触电、火灾、爆炸等。

三、危险预知实施方法（步骤）

1. 危险预知的实施方法

危险预知的实施方法简称4R（4 Round）法。由主持人（班组长）根据作业内容，组织现场人员（3～7人）开展危险预知活动。

由于危险预知活动是一项自主管理活动，要特别注意3点：

（1）提高讨论的参加度。

（2）缩短时间（3～5分钟）。

（3）彻底进行作业循环。

2. 在危险预知开始时应注意的要点

（1）同样的事，不同的人会有不同的看法。危险预知需要依靠集体的力量，互相启发才能达到共同提高。

（2）一定要借助团队的力量。以班组或作业小组为单元,要指定一个领导。

（3）先要大家接受。实施时，每个人要讲真话，自己多发言，不能有“自己说错了怕别人说”的想法。

（4）同一作业，识别结果不求一致，重点在步骤一的把握现状。

（5）多采用与作业内容相关的图画以加深员工印象。

（6）不能放任部下任何一个，哪怕是微不足道的违反事项，发现就当场纠正，这种态度是非常必要的。

危险预知实施步骤

实施步骤			KYT	实施要点
观察	1R	把握现状	存在什么潜在危险	基本是现场的现物：每人指出1～2条认为最危险的项目
考虑	2R	追究本质	哪些危险最为重要	不遗漏危险部位:问题集中化,认为有危险的项目画一个“○”,最危险的项目画“◎”,最后形成大家公认最危险的项目1～2个
评价	3R	树立对策	要是你的话怎么做	可实施的具体的对策：根据最危险的因素，每人提出1～2条具体可实施的对策并合并为1～2项
决定	4R	设定目标	我们应当这么做	领导喊一遍，员工喊两遍
实践				责任者、日程
总结/评价				全体成员

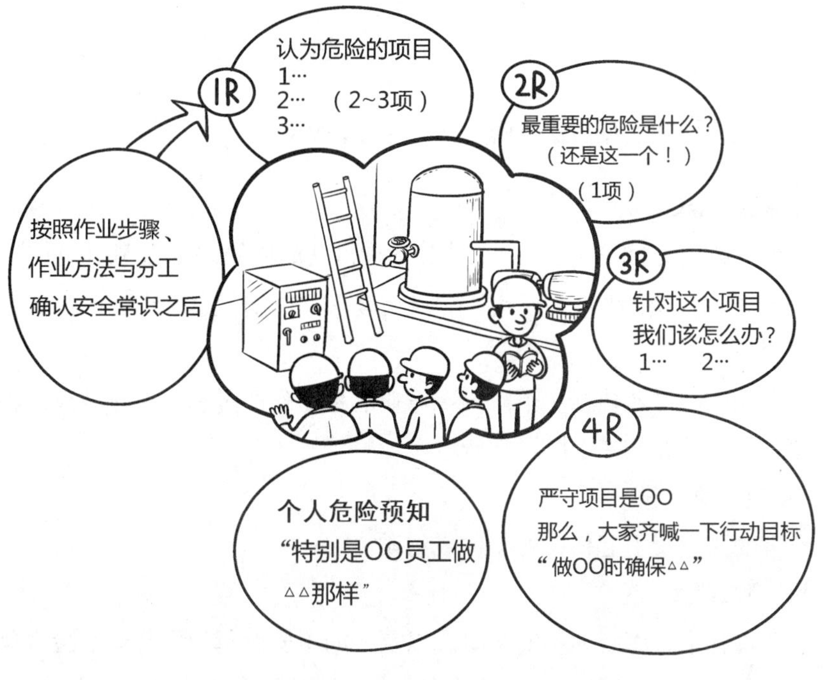

危险预知实施方法

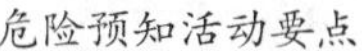

危险预知活动要点

（1）活动目的——通过小集团活动，找出作业场所潜在的危险，由全员一起做确认，提高每个人的危险感知度。

（2）活动对象——潜在的危险因素（不安全状态/不安全行为/管理缺陷）。

（3）活动单元——班组或作业小组（一般5~7人）。

活 动
三原则

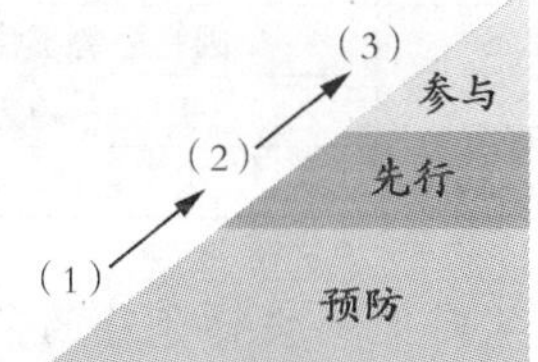

四、危险预知实施方法步骤一——把握现状

1. 把握现状方法

小组成员利用“头脑风暴法”找出作业中潜在的危险,多多益善,以量求质。

2. 潜在危险要用“作业方式”+“致害物”+“事故类型”的组合表示

1）作业方式

一个完整的作业包括三个阶段：作业准备、作业过程、作业结束。编制危险预知过程中要按三个阶段来考虑。

2）致害物

致害物指直接引起伤害的物体或物质。

3）事故类型

作业过程中，将物的不安全状态以及人的不安全行为引起的危险现象当作事故，GB 6441—1986 将事故分为 20 类，所以危险现象也就有 20 类［触电、其他伤害（滑倒）、高处坠落、机械伤害、物体打击、灼烫……］。描述潜在危险使用“说不定会××”“有××危险”，没有必要说结果，如“受伤（挫伤、骨折……）、死亡”。

3. 潜在危险的描述要具体

把握现状的填写要点——危险的描述

项　　目	错误描述	正确描述
危险的主要原因描述要具体，抽象的描述不容易互相理解	因为姿势不恰当	因为弯腰拿…
	因为不稳定	因为用脚尖站着
	因为视线不好	因为叉车货物高 2 米

4. 不要错误地把“对策”当作危险的“主要原因”

现场填写的 KYT 卡片中有很多将“危险的主要原因”误写成“对策”，而且这种错误带有普遍性，说明这些人还没有真正地理解危险原因的本质。

1R（把握现状）的填写是 KYT 卡片填写的重点，这一环节的填写水平决定着此项活动开展的质量，体现现场的安全程度，必须引起足够的重视。

把握现状的填写要点——不要误将对策当作原因

项　　目	错　　误	正　　确
错误地把“对策”当作危险的“主要原因”	因为没系安全带	因为身体露在外边
	因为没戴安全眼镜	因为距离脸很近
	因为脚踏板没有固定	因为脚踏板会动错位

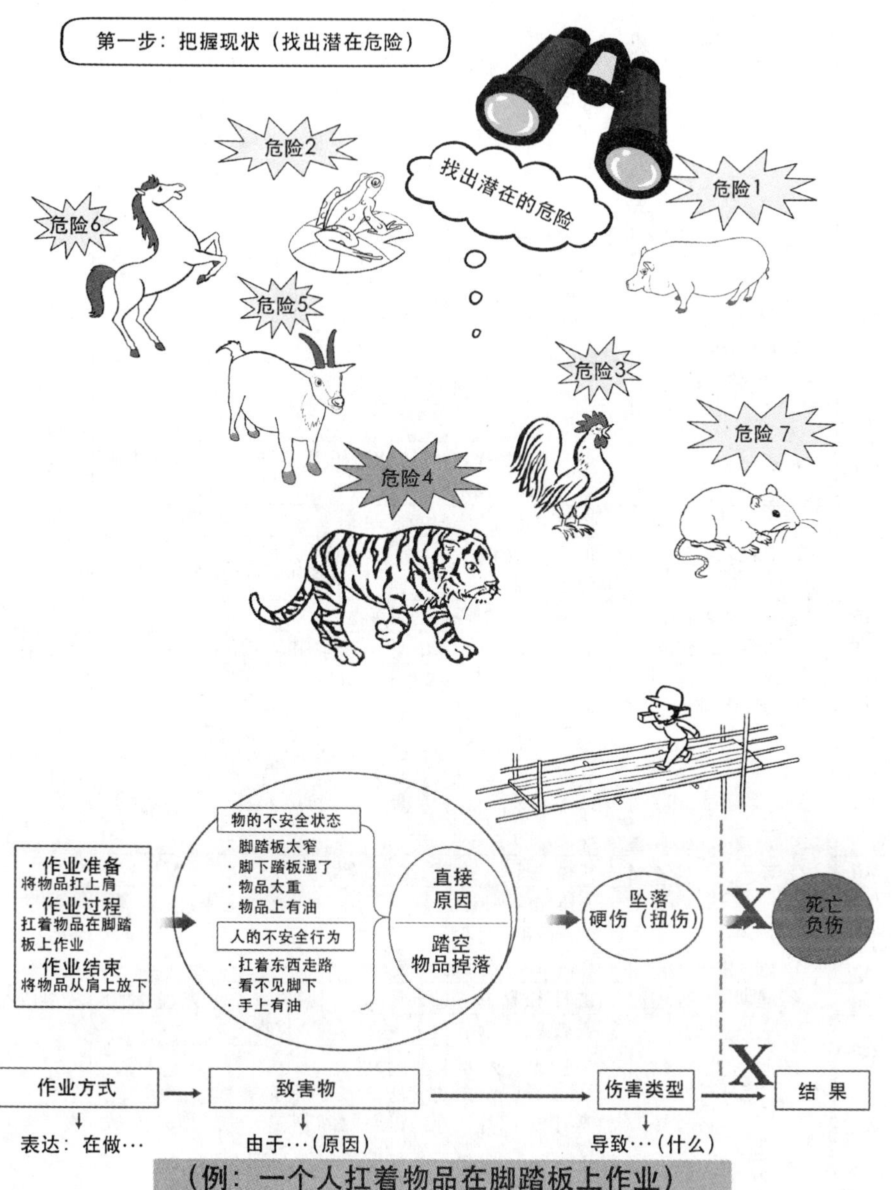

（例：一个人扛着物品在脚踏板上作业）

5. 各种作业过程中常见事故类型的起因物和致害物

序号	作业类型	起因物	致害物	事故类型
1	1. 维修作业 2. 搬运作业 3. 建筑施工	由各种原因引起的落物、崩块、冲击物、滚动体、上下或左右摆动的物体以及其他足以引发打击伤害的运动状态硬物		物体打击
2		引发其他物体突然变化的物体，如撬棍、绳索、拉拽物和障碍物等	在突发力作用时发生弹出、倾倒、掉落、滚动、扭转等态势的物体，如模板、支撑杆件、钢筋、块体材料、器具等，以及作业人员（自身受到伤害并可能同时伤害别人）	
3	1. 维修作业 2. 搬运作业 3. 建筑施工	脚手架或作业区的外立面无护栏和架面未铺满脚手板	施工人员受自身的重力运动伤害	高处坠落
4		高空作业未佩挂安全带		
5		“四口”未加设盖板或其他覆盖物		
6		失控坠落的梯笼和其他载人设备		
7		由于不当操作或其他原因造成失稳、倾倒、掉落并拖带施工人员发生高空坠落		
8	1. 危险品储存、保管 2. 煤矿采掘 3. 受限空间作业 4. 炼钢、炼铁、轧钢等作业	爆炸引起的飞石（块）和冲击波		爆炸、中毒和窒息伤害
9		保管不当的雷管、火源及其他起爆源	爆炸的雷管和炸药	
10		拒爆与引起其爆炸的引爆物		
11		溢（跑）漏的易燃物（气体、液体）和施工中的火源		
12		一氧化碳、瓦斯和其他有毒气体		
13		亚硝酸钠和其他有毒化学品		
14		密闭容器、洞室和其他高温、不通风施工作业场所		
15	1. 机械作业 2. 起重作业	缺失、拆去或质量与装设不符合要求的机械转动和工作部件的安全罩	机械的转动和工作部件	机械及起重伤害
16		机械进行车、刨、钻、铣、锻、磨、镗、加工的工作部件		
17		不牢靠的夹持件	脱出的加工件	
18		起重的吊物	失稳、倾翻的起重机	
19		软弱和不平衡的地基、支垫		
20		破断、松脱、失控的索具	倾翻、掉落、折断、前冲的吊物、重物	
21		变形或破坏的吊架		
22		失控或失效的限控（控速、控重、控角度、控行程、控停、控开闭等）、保险（断绳、超速、停靠、冒顶等）和操作装置	失控的臂杆、起重小车、索具吊钩、吊笼（盘）或机械的其他部件	

（续）

序号	作业类型	起因物	致害物	事故类型
23	1. 机械作业 2. 起重作业	滑脱、折断的撬棍(杠)	失控、倾翻、掉落的重物和安装物	机械及起重伤害
24		失稳、破坏的支架		
25		启闭失控的吊笼、容器	散落的材料、物品	
26		拴挂不平衡的吊索	严重摆动、不稳定回转和下落的吊物	
27		失控的回转和控速机构		
28	1. 电(气)焊作业 2. 电气维修	火源与靠近火源的易燃物		火灾伤害
29		雷击、导电物体和易燃物		
30	1. 带电设备维修 2. 起重作业	未加可靠保护、破皮损伤的电线、电缆		触电伤害
31				
32		架空高压裸线	误触高压线的起重机的臂杆和施工中的其他导电体	
33		未予设置或不合格的接零(地)、漏电保护设施	电动工具和漏(带)电设备	
		未设门或未上锁的电闸箱	易误触电的电器开关(特别是闸刀开关)	
34	1. 建筑施工作业 2. 机械维修作业	流沙、涌水、水冲、滑坡引起的塌方		崩塌伤害
35		停靠在坑、槽边的机械、车辆和过重的堆物	坑、槽坍塌	
36		缺失或不符合要求的降水和支护措施		
37		受坑槽开挖伤害的建筑物基础和地基	整体或局部倒塌的建(构)筑物	
38		设计不安全或施工有问题的工程建筑和临时设施	整体或局部坍塌、破坏的工程建筑、临时设施及其杆部件和承载物品	
39		不均匀沉降的地基		
40		附近有强烈的震动、冲击源		
41		强劲自然力(风、雨、雪、地震)		
42		拆除的部分结构杆件或首先出现破坏的局部杆件与结构		
43		承载后发生变形、失稳或破坏的支撑杆件或支撑架	发生倾倒、坍塌的设于支撑架上的结构、设备和材料物品	
44		堆置过高、过陡或基地不牢的堆置物		

6. 把握现状练习卡——常规作业

常规作业简图、说明

状况：

汽车轮胎装配作业。装配的紧固性要求：螺栓、螺母等件必须达到规定的扭矩要求。应交叉紧固必须交叉紧固，否则会出现螺母松动现象，带来安全隐患。

<table>
<tr><td colspan="2" rowspan="2">危险预知卡片</td><td>车间</td><td>组装</td></tr>
<tr><td>线（系）</td><td>A（线）</td></tr>
<tr><td>作业项目</td><td>汽车轮胎
装配作业</td><td colspan="2"><u>1. 常规作业</u>　2. 正常维修作业
3. 交叉作业　4. 抢修抢险作业</td></tr>
<tr><td colspan="4">第一阶段　把握现状（找潜在危险）</td></tr>
<tr><td colspan="4">第二阶段　追究本质（确定重要危险点）</td></tr>
<tr><td>○◎</td><td>序号</td><td colspan="2">说出并记录作业、致害物及伤害现象（事故类型）</td></tr>
<tr><td></td><td>1</td><td colspan="2">搬运轮胎时，轮胎脱落砸到脚</td></tr>
<tr><td></td><td>2</td><td colspan="2">安装轮胎时，扳手脱手打到手</td></tr>
<tr><td></td><td>3</td><td colspan="2">搬运轮胎过程中，地面光滑易摔倒</td></tr>
<tr><td></td><td>4</td><td colspan="2">搬运轮胎时，轮胎较重易扭腰</td></tr>
<tr><td></td><td>5</td><td colspan="2">装配轮胎时，螺栓溢扣，戴手套用气动工具套扣时，手套被卷入伤手</td></tr>
<tr><td></td><td>6</td><td colspan="2">安装过程中，现场地板上气管较长绊倒摔伤人</td></tr>
<tr><td></td><td>7</td><td colspan="2">轮胎装配完成后，返回时车身碰到头</td></tr>
</table>

7. 把握现状练习卡——正常维修作业

正常维修作业简图、说明

状况：

排水管的法兰盘漏水，修理工准备将空的润滑油桶放在通道上，踩在油桶上面，用扳手拧螺帽。

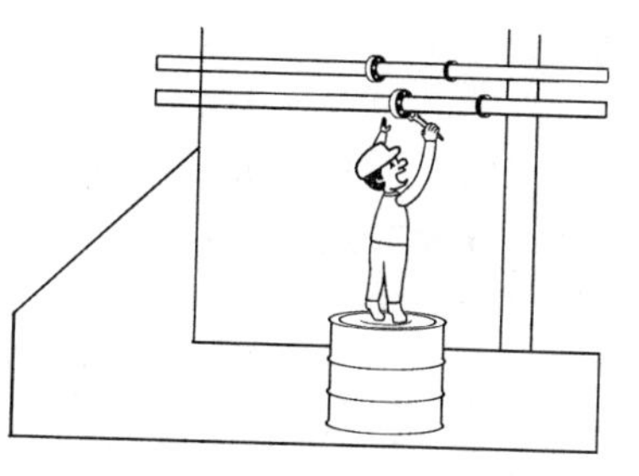

<table>
<tr><td colspan="2" rowspan="2">危险预知卡片</td><td>车间</td><td>设备科</td></tr>
<tr><td>线（系）</td><td>维修班</td></tr>
<tr><td>作业项目</td><td>维修排水管作业</td><td colspan="2">1. 常规作业　2. 正常维修作业
3. 交叉作业　4. 抢修抢险作业</td></tr>
<tr><td colspan="4">第一阶段　把握现状（找潜在危险）</td></tr>
<tr><td colspan="4">第二阶段　追究本质（确定重要危险点）</td></tr>
<tr><td>○◎</td><td>序号</td><td colspan="2">说出并记录作业、致害物及伤害现象（事故类型）</td></tr>
<tr><td></td><td>1</td><td colspan="2">拧螺帽的时候，会拧空失去平衡摔下来</td></tr>
<tr><td></td><td>2</td><td colspan="2">拧螺帽的时候，扳手会脱手砸到脸</td></tr>
<tr><td></td><td>3</td><td colspan="2">拧螺帽的时候，附在法兰盘的灰尘会落入眼睛</td></tr>
<tr><td></td><td>4</td><td colspan="2">踮着脚拧螺帽的时候，会失去平衡摔倒在地</td></tr>
<tr><td></td><td>5</td><td colspan="2">油桶上有油，踩在上面脚滑，会摔倒在地</td></tr>
<tr><td></td><td>6</td><td colspan="2">爬上油桶的时候，往上抬的脚一滑，小腿会碰在油桶边上，受伤</td></tr>
<tr><td></td><td>7</td><td colspan="2">会有叉车从左侧通道出来，将油桶撞倒在地，维修人员会摔倒</td></tr>
<tr><td></td><td>8</td><td colspan="2">修理结束后，维修人员从油桶上跳下来，会扭伤脚</td></tr>
</table>

8. 把握现状练习卡——交叉作业

交叉作业简图、说明

状况：

工务科一辆物流叉车往生产线上转运部件，此时生产线上操作者准备用地牛车将加工完的零件下线。

危险预知卡片		车间	工务科
		线（系）	物流班
作业项目	机动叉车与地牛车交叉作业	1. 常规作业　2. 正常维修作业 3. 交叉作业　4. 抢修抢险作业	
第一阶段　把握现状（找潜在危险）			
第二阶段　追究本质（确定重要危险点）			
○◎	序号	说出并记录作业、致害物及伤害现象（事故类型）	
	1	叉车倒车时，撞到正在作业的地牛车操作者	
	2	叉车倒车时，撞到地牛车上的工件，工件倾倒砸伤地牛车操作者	
	3	叉车倒车时，撞倒工件，工件砸伤人	
	4	叉车运行速度太快，撞倒地牛车操作者	
	5	叉车运行速度太快，工件掉落砸伤人	
	6	地牛车操作者倒车时，与正在运行的叉车碰到一起，地牛车操作者受伤	
	7	地牛车码放部件过高，部件掉落伤人	

9. 把握现状练习卡——抢修抢险作业

抢修抢险作业简图、说明

状况：

某公司锻造车间夜间突发母线排短路，车间大面积停电，设备动力科连夜组织维修人员抢修。

<table>
<tr><td colspan="2" rowspan="2">危险预知卡片</td><td>车间</td><td>设备科</td></tr>
<tr><td>线（系）</td><td>电工班</td></tr>
<tr><td>作业项目</td><td>母线排短路抢险作业</td><td colspan="2">1. 常规作业　2. 正常维修作业
3. 交叉作业　4. <u>抢修抢险作业</u></td></tr>
<tr><td colspan="4">第一阶段　把握现状（找潜在危险）</td></tr>
<tr><td colspan="4">第二阶段　追究本质（确定重要危险点）</td></tr>
<tr><td>○◎</td><td>序号</td><td colspan="2">说出并记录作业、致害物及伤害现象（事故类型）</td></tr>
<tr><td></td><td>1</td><td colspan="2">一项线路同时连接三条电缆，一条电缆两端未接在同一相上，短路触电</td></tr>
<tr><td></td><td>2</td><td colspan="2">维修人员在行车轨道上用绳子传递工具或材料，工具或材料掉落砸伤人</td></tr>
<tr><td></td><td>3</td><td colspan="2">电源侧作业，进线母线带电作业，人员易触电</td></tr>
<tr><td></td><td>4</td><td colspan="2">夜间作业并且车间停电，应急灯光照不足，作业人员滑倒摔伤</td></tr>
<tr><td></td><td>5</td><td colspan="2">作业完成，工具遗落在现场，送电时造成短路或维修人员触电</td></tr>
<tr><td></td><td>6</td><td colspan="2">送电时，有的作业人员未撤离现场，造成触电</td></tr>
<tr><td></td><td>7</td><td colspan="2">维修人员在行车轨道上作业，易发生高处坠落</td></tr>
</table>

10. 把握现状阶段的两大误区

在现场咨询辅导的过程中，发现很多员工特别是农民工往往将虚惊提案与危险预知概念混淆，张冠李戴，有两大误区：一个是将危险预知的内容写在虚惊提案里面；另一个是将虚惊提案的内容写在危险预知里面。

下面通过虚惊提案与危险预知主要区别一览表，看看两者之间的异同点，然后试着用一览表作为评价的尺子，分析两个案例，很容易就会发现其中的错误。

虚惊提案与危险预知主要区别一览表

项目		虚惊提案	危险预知
时间节点		事件发生节点之后	事件发生节点之前
安全管理元素	人的不安全行为	包含人的不安全行为	包含人的不安全行为
	物的不安全状态	包含物的不安全状态	包含物的不安全状态
	管理缺陷	包含管理缺陷	—
对策时效		一般为长效对策	一般为权宜之计
是否实施手指口述		—	追究本质、设定目标、手指口述 重点项目需实施手指口述
是否实施互保联保		—	实施互保联保
活动步骤		找问题 做改善 写提案 获奖励	把握现状 追究本质 树立对策 设定目标
是否需逐级审核		需逐级审批	常规作业需逐级审批 正常维修作业不需逐级审批 交叉作业不需逐级审批 抢修抢险作业不需逐级审批
完成时间		改善完成后再提交	作业之前完成
编制人数		个人或集体（大部分为个人）	个人或集体（大部分为集体）
是否可越级上报		遇重大危险可越级上报	一般不需要

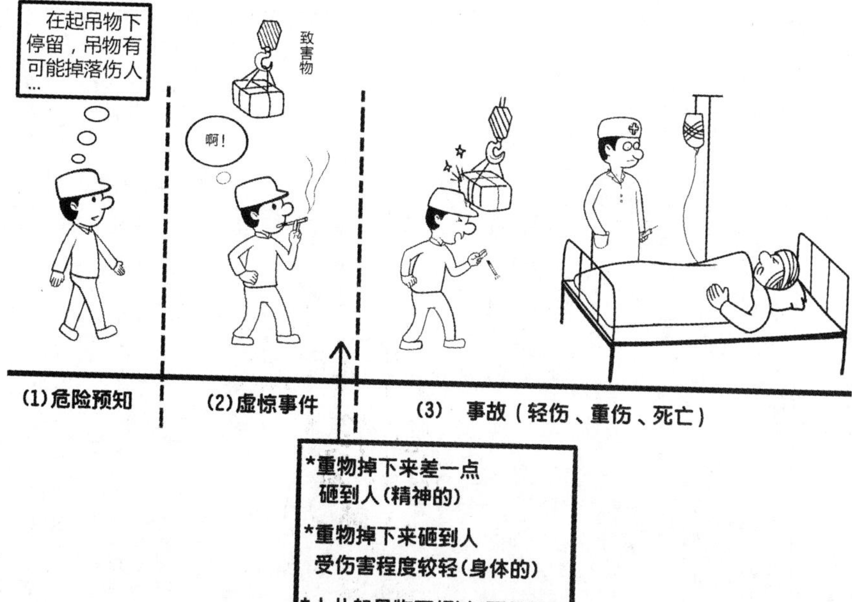

虚惊提案与危险预知的主要区别

把握现状阶段的两大误区

（1）误区一——将危险预知内容写在虚惊提案卡中。

2号煤气柜更换煤气放散阀，有可能发生煤气中毒。很显然更换煤气放散阀的工作还未开始，在作业开始之前预测有什么危险的工作属于危险预知活动的内容。

（2）误区二——将虚惊提案内容写在危险预知卡中。

解析一：驾驶叉车的A员工，由于出库过迟，急于将材料搬出；在路上的B员工正在作业未注意来车。很显然叉车驾驶员A与路上员工B两人同时在作业中，不是在作业前，这是错误一。

解析二：主要对策是装设超速报警器，这属于长效对策，危险预知大部分属于权宜之计，这是错误二。

解析三：设定目标为“勿超高、超速”。高度、速度没有用量化语言来描述，另外“因未戴安全帽，会被物品砸伤”是将对策当作致害物，这是错误三。

误区一——将危险预知内容写在虚惊提案卡中

<table>
<tr><td colspan="2">虚惊提案卡</td><td>部门</td><td>煤气分厂</td><td>提案者</td><td>×××</td><td>班组长</td><td>×××</td><td>作业长</td><td>×××</td><td>主管领导</td><td>×××</td></tr>
<tr><td>事件时间</td><td colspan="4">2011 年 3 月 1 日 9:00 左右</td><td>报告日</td><td colspan="3">2011 年 3 月 2 日</td><td colspan="3" rowspan="3">危险度区分（某一个画○）
A. 可能造成重大伤害
Ⓑ 可能造成伤害（轻微伤）
C. 伤害可能性较小</td></tr>
<tr><td>事件地点</td><td colspan="4">经四路与纬支七路交界处</td><td>生产线</td><td colspan="3">2号煤气高炉</td></tr>
<tr><td>从事活动
（可多选）</td><td colspan="8">•正常作业　•换工装　•异常处理　•搬运　◉点检/维修
•设备调试　•设备移动　•行走中　•抢修　•其他</td></tr>
<tr><td>事件概述</td><td colspan="4">2号煤气除尘更换煤气放散阀，人可能引起中毒</td><td colspan="4">简图：
整改前　　整改后</td><td colspan="3">我已经处理。方式是吹扫合格并化验、戴好合格报警仪、拉警报线，检修过程中及时提醒安全。
我将会处理。方式是 …
我不能处理。建议处理方式 …
我无能为力。理由是 …</td></tr>
<tr><td>原因</td><td colspan="7">1. 人的不安全行为：作业前未对作业点进行安全再确认
2. 物的不安全状态：除尘内部没有吹扫合格
3. 管理缺陷：布置任务前未对作业人员进行安全提醒</td><td colspan="4" rowspan="2">部门确定对策（硬件、软件）
［物（设备、材料、工具）、人、管理］
人：加强岗位技能培训
物：施工前对作业要进行安全确认</td></tr>
<tr><td>体验类型</td><td colspan="7">□ 精神　□ 身体　☑ 预想</td></tr>
<tr><td>伤害事件</td><td colspan="7">1. 物体打击　2. 车辆伤害　3. 机械伤害　4. 起重伤害　5. 触　电
6. 淹　溺　7. 灼　烫　8. 火　灾　9. 高处坠落　10. 坍　塌
11. 冒顶片帮　12. 透　水　13. 爆破　14. 火药爆炸　15. 瓦斯爆炸
16. 锅炉爆炸　17. 容器爆炸　18. 其他爆炸　19. 中毒和窒息 √　20. 其他伤害</td><td colspan="4">主管批复：严格按照放扩站外出监护安全规程执行
改善｜本分厂｜其他分厂｜计划（√）
责任人｜×××｜｜完成（√）</td></tr>
<tr><td>起因</td><td colspan="7">1. 没有仔细看（听）　2. 没注意 √　3. 忘了　4. 不知道　5. 想简单了 √
6. 以为没事 √　7. 慌张（着急）　8. 厌烦、烦躁　9. 不经意的动作
10. 疲倦　11. 难做的事　12. 身体重心不稳　13. 其他（　　）</td><td colspan="4">安全会议的开展：有（√）/无
全公司展开：是/否　改善事例：有/否
确认者：　确认日：</td></tr>
</table>

误区二——将虚惊提案内容写在危险预知卡中

[实例] 叉车作业

* 驾驶叉车的A员工，由于出库过迟，急于将材料搬出
* 在路线一边的B员工正作业未注意来车

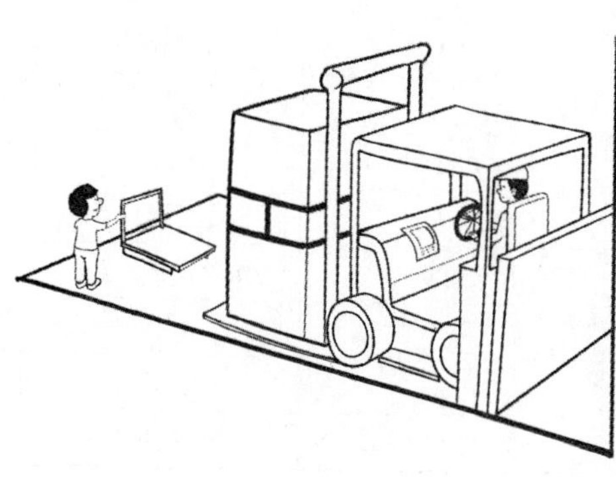

1R：有什么潜在危险？

2R 危险的关键

1. 因物品堆放过高，会挡住视线造成车祸
2. 因未戴安全帽，会被物品砸伤
3.因车子速度快，会刹不住车而撞到人
4.因在走道上作业，会被车撞到
5.因载物过高。未倒退行驶，会撞到人及物
6.因料架未堆放好，会造成物品掉落伤人

3R：树立对策（假如是你该怎么办？）

4R 我们要这么做

*1-1 物品堆放不要超过视线
*3-1 车子装设超速警报器
3-2 轮子划十字线目视管理
5-1 物品超过视线时，倒退行驶

小组行动目标：

装设报警器及高度标识，好！

重点确认事项：

勿超高，勿超速，好！

天天零伤害，好！

误区三——按工种编制危险预知卡片

危险预知适合的场合有四种：常规作业、正常维修作业、交叉作业、抢修抢险作业。大家注意，这四种场合的主语全是作业。换句话说，危险预知的对象是作业，而不是岗位、个人、单位。现场咨询过程中，发现有些单位是按工种分别编制危险预知卡片的，危险预知卡片编制数量很多，但危险预知卡片的作用发挥很有限。

危险预知作业一览表（示例）

作业类型	作业特点	危险预知活动	
		岗　位	岗　位
常规作业	同岗位同工种	组装工	组装工
	同岗位非同工种	行车工	行车指挥
	巡检作业	巡检人员	设备的操作工
正常维修作业	同一工种	电工	电工
	不同工种	电工	钳工
		检修人员	设备操作者
	相关方施工作业	相关方员工	本单位相关人员
交叉作业	平面交叉	叉车	牵引车
	立体交叉	电工	电焊工
抢修抢险作业	时间短任务重	专业抢修人员	责任单位相关人员

交叉作业按工种编制危险预知卡片

某钢铁公司运输公司180吨长沙运输车更换转盘作业，其中有起重作业、电气作业、机械作业，现场电气作业、机械作业挂了两个“设备检修、禁止合闸”的牌子，写了三份危险预知卡片。结果在进行吊装作业时吊物碰到正在作业的钳工，使其受了轻伤。

案例分析：三个工种在一起作业属于交叉作业，要保证现场作业安全，就要明确一名指挥者，要统一编制一份危险预知卡片。如果一项作业不能在短时间内完成，就要由指挥者编制一份作业计划，然后按作业计划，每天由现场作业者在作业前编制危险预知卡片。

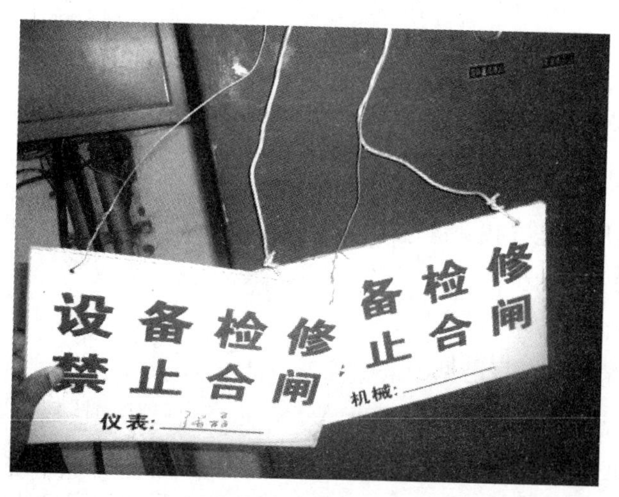

180 吨长沙运输车更换转盘作业按工种分别组织作业

按作业编制危险预知卡片要点

（1）一事（作业）一卡。

（2）无论作业因何种原因中止，在继续作业前作业人员要重新编制危险预知卡片。

（3）在作业期间作业内容或作业条件发生变化，作业人员应停止作业，在现场经过危险识别，重新编制危险预知卡片。

（4）危险预知卡片不能取代危险审批作业票、动火作业票、停送电作业票等安全管控制度，涉及类似作业必须同步执行相关作业的管理制度。

（5）不能按工种将作业拆分，各自为政。

五、危险预知实施方法步骤二——追究本质

1. 对潜在危险进行重要度分级

追究本质就是寻找关键危险点（即危险的关键所在），也就是我们平常所说的寻找关键的少数。

这里有两种方法。

1）小组成员各抒己见、集中统一

大家一边看小组成员的发言记录，一边在自己认为比较重要的项目上画“○”（次重要的不画“○”），然后再从标有“○”的项目中找出大家特别关心的、与重大事故相关的、需要紧急对策的、最多的意见达成共识——这就是关键危险点或是可能导致重大事故的项目，标上“◎”并在项目下画上一条线。

关键危险点说明一览表

序号	A（◎）项目	内容说明
1	大家特别关心的	环境：温度、湿度、有毒有害气体、职业禁忌证
2	与重大事故相关的	触电、火灾、爆炸事故、中毒窒息
3	需要紧急对策的	临时设施的崩塌、火灾、临时用电、临时支撑、临时占道

2）ABC 分级法

面对纷繁杂乱的处理对象，如果分不清主次，眉毛胡子一把抓，现场潜在的危险是不可能解决的。而分清主次，抓住主要的潜在危险，可以达到事半功倍的效果。有一句俗话是“捡了芝麻，丢了西瓜”，说的就是不会应用 ABC 法则的人。在现场安全管理上，ABC 法则的效果是显著的。面对众多的潜在危险，如果进行 ABC 分级，然后用主要精力去解决重点问题，次要的和不重要的问题常常也会迎刃而解。

潜在危险项目 ABC 分级比重表

级别	危险重要度/%	项目		
		比例/%	潜在危险项数/个	数量/个
A（◎）	60～80	10～20	6～8	1～2
B（○）	15～40	20～30	6～8	2～3
C（ ）	5～15	50～70	6～8	3～5

2. 追究本质练习卡——常规作业

常规作业简图、说明

状况：

汽车轮胎装配作业。装配的紧固性要求：螺栓、螺母等件必须达到规定的扭矩要求。应交叉紧固必须交叉紧固，否则会出现螺母松动现象，带来安全隐患。

危险预知卡片		车间	组装车间
		线（系）	A（线）
作业项目	汽车轮胎装配作业	1. 常规作业　2. 正常维修作业 3. 交叉作业　4. 抢修抢险作业	
第一阶段　把握现状（找潜在危险）			
第二阶段　追究本质（确定重要危险点）			
○◎	序号	说出并记录作业、致害物及伤害现象（事故类型）	
○	1	搬运轮胎时，轮胎脱落砸到脚	
	2	安装轮胎时，扳手脱手打到手	
○	3	搬运轮胎过程中，地面光滑易摔倒	
	4	搬运轮胎时，轮胎较重易扭腰	
◎	5	**装配轮胎时，螺栓滥扣，戴手套用气动工具套扣时，手套被卷入伤手**	
	6	安装过程中，现场地板上气管较长绊倒摔伤人	
	7	轮胎装配完成后，返回时车身碰到头	

3. 追究本质练习卡——正常维修作业

正常维修作业简图、说明

状况：

排水管的法兰盘漏水，修理工准备将空的润滑油桶放在通道上，踩在油桶上面，用扳手拧螺帽。

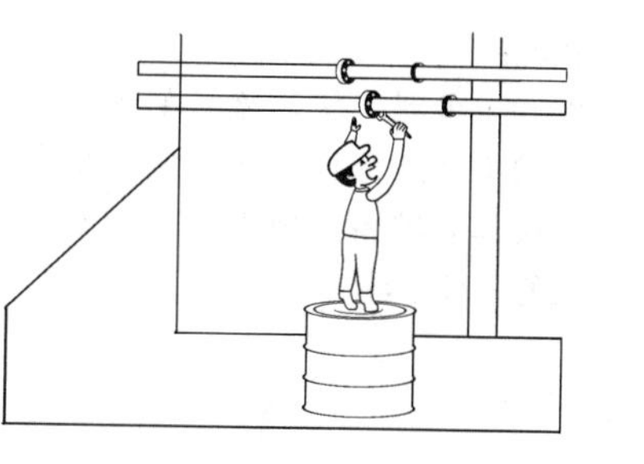

危险预知卡片		车间	设备科
		线（系）	维修班
作业项目	维修排水管作业	1. 常规作业 2. <u>正常维修作业</u> 3. 交叉作业 4. 抢修抢险作业	

第一阶段 把握现状（找潜在危险）

第二阶段 追究本质（确定重要危险点）

○◎	序号	说出并记录作业、致害物及伤害现象（事故类型）
○	1	拧螺帽的时候，会拧空失去平衡摔下来
	2	拧螺帽的时候，扳手会脱手砸到脸
○	3	拧螺帽的时候，附在法兰盘的灰尘会落入眼睛
◎	4	**<u>踮着脚拧螺帽的时候，会失去平衡摔倒在地</u>**
○	5	油桶上有油，踩在上面脚滑，会摔倒在地
	6	爬上油桶的时候，往上抬的脚一滑，小腿会碰在油桶边上，受伤
◎	7	**<u>会有叉车从左侧通道出来，将油桶撞倒在地，维修人员会摔倒</u>**
○	8	修理结束后，维修人员从油桶上跳下来，会扭伤脚

4. 追究本质练习卡——交叉作业

交叉作业简图、说明

状况：

工务科一辆物流叉车往生产线上转运部件，此时生产线上操作者准备用地牛车将加工完的零件下线。

危险预知卡片		车间	工务科
		线（系）	物流班
作业项目	机动叉车与地牛车交叉作业	1. 常规作业　2. 正常维修作业 3. 交叉作业　4. 抢修抢险作业	
第一阶段　把握现状（找潜在危险）			
第二阶段　追究本质（确定重要危险点）			
○◎	序号	说出并记录作业、致害物及伤害现象（事故类型）	
◎	1	**叉车倒车时，撞到正在作业的地牛车操作者**	
○	2	叉车倒车时，撞到地牛车上的工件，工件倾倒砸伤地牛车操作者	
	3	叉车倒车时，撞倒工件，工件砸伤人	
◎	4	**叉车运行速度太快，撞倒地牛车操作者**	
	5	叉车运行速度太快，工件掉落砸伤人	
○	6	地牛车操作者倒车时，与正在运行的叉车碰到一起，地牛车操作者受伤	
	7	地牛车码放部件过高，部件掉落伤人	

5. 追究本质练习卡——抢修抢险作业

抢修抢险作业简图、说明

状况：

某公司锻造车间夜间突发母线排短路，车间大面积停电，设备动力科连夜组织维修人员抢修。

危险预知卡片		车间	工务科
		线（系）	电工班
作业项目	母线排短路抢险作业	1. 常规作业 2. 正常维修作业 3. 交叉作业 4. 抢修抢险作业	
第一阶段 把握现状（找潜在危险）			
第二阶段 追究本质（确定重要危险点）			
○◎	序号	说出并记录作业、致害物及伤害现象（事故类型）	
◎	1	一项线路同时连接三条电缆，一条电缆两端未接在同一相上，短路触电	
	2	维修人员在行车轨道上用绳子传递工具或材料，工具或材料掉落砸伤人	
○	3	电源侧作业，进线母线带电作业，人员易触电	
	4	夜间作业并且车间停电，应急灯光照不足，作业人员滑倒摔伤	
	5	作业完成，工具遗落在现场，送电时造成短路或维修人员触电	
	6	送电时，有的作业人员未撤离现场，造成触电	
○	7	维修人员在行车轨道上作业，易发生高处坠落	

七、危险预知实施方法步骤三——树立对策

1. 危险预知树立对策的填写要点

树立对策的填写要点表

1. 在自己的范围内能完成的对策 ● 不好的例子： 用叉车搬运汽油桶（设备） 让领导找专业人士做（他人） 用适当高度的梯子作业（抽象）	2. 不要否定式的对策 ● 不好的例子：不要一个人拿重物 ○ 好的例子：20 千克以上的物品要两人抬
3. 对策要具体 ● 不好的例子：吊物品的时候离物品远点 ○ 好的例子：吊物品的时候离物体 1 米远以上	4. 制定针对发生问题原因的对策 ● 不好的例子：看见漏油的地方绕开走 ○ 好的例子：看见漏油的地方擦干净再走
5. 对策中尽量少用中性的语言（可以、适当、恰当） ● 不好的例子： 使用合格的起重工具 使用合格的钢丝绳	6. 对策要有可操作性，尽量用数据说话 ○ 好的例子： 使用 1 吨的手动葫芦 使用 10 吨的钢丝绳

2. 常见事故伤害对策示例——电气焊作业火灾对策

序　号	重　点	具　体　措　施
X （火灾）		配备灭火器或消防水桶
		准备动火作业标语
		专人监护
		用围栏或绳子将作业现场围起来，并设立禁止通行标志
		穿戴好劳动保护用品

第三步：树立对策（我们这么做）

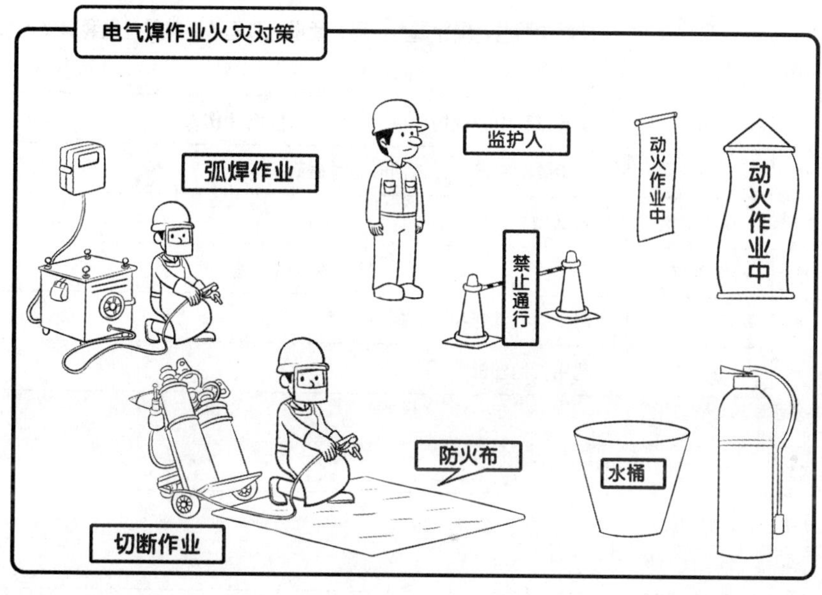

3. 树立对策练习卡——常规作业

<table>
<tr><td colspan="2" rowspan="2">危险预知卡片</td><td>车间</td><td>组装班</td></tr>
<tr><td>线（系）</td><td>A（线）</td></tr>
<tr><td>作业项目</td><td>汽车轮胎
装配作业</td><td colspan="2">1. 常规作业　2. 正常维修作业
3. 交叉作业　4. 抢修抢险作业</td></tr>
<tr><td colspan="4">第一阶段　把握现状（找潜在危险）</td></tr>
<tr><td colspan="4">第二阶段　追究本质（确定重要危险点）</td></tr>
<tr><td>○◎</td><td>序号</td><td colspan="2">说出并记录作业、致害物及伤害现象（事故类型）</td></tr>
<tr><td>○</td><td>1</td><td colspan="2">搬运轮胎时，轮胎脱落砸到脚</td></tr>
<tr><td></td><td>2</td><td colspan="2">安装轮胎时，扳手脱手打到手</td></tr>
<tr><td>○</td><td>3</td><td colspan="2">搬运轮胎过程中，地面光滑易摔倒</td></tr>
<tr><td></td><td>4</td><td colspan="2">搬运轮胎时，轮胎较重易扭腰</td></tr>
<tr><td>◎</td><td>5</td><td colspan="2">装配轮胎时，螺栓溢扣，戴手套用气动工具套扣时，手套被卷入伤手</td></tr>
<tr><td></td><td>6</td><td colspan="2">安装过程中，现场地板上气管较长绊倒摔伤人</td></tr>
<tr><td></td><td>7</td><td colspan="2">轮胎装配完成后，返回时车身碰到头</td></tr>
<tr><td colspan="4">第三阶段　树立对策（我们这么做）</td></tr>
<tr><td>◎序号</td><td>※重点</td><td colspan="2">具　体　措　施</td></tr>
<tr><td rowspan="3">5</td><td></td><td colspan="2">用气动工具套扣时，摘掉手套</td></tr>
<tr><td></td><td colspan="2">选用长柄丝锥</td></tr>
<tr><td></td><td colspan="2"></td></tr>
<tr><td colspan="4">第四阶段　设定目标（团队行动目标）</td></tr>
<tr><td>行动目标</td><td colspan="3"></td></tr>
<tr><td>手指口述</td><td colspan="3"></td></tr>
<tr><td>小组签名</td><td colspan="3">小组长：　　　　　　组员：</td></tr>
</table>

4. 树立对策练习卡——正常维修作业

危险预知卡片		车间	设备科
		线（系）	维修班
作业项目	维修排水管作业	1. 常规作业 2. 正常维修作业 3. 交叉作业 4. 抢修抢险作业	

第一阶段 把握现状（找潜在危险）

第二阶段 追究本质（确定重要危险点）

○◎	序号	说出并记录作业、致害物及伤害现象（事故类型）
○	1	拧螺帽的时候，会拧空失去平衡摔下来
	2	拧螺帽的时候，扳手会脱手砸到脸
○	3	拧螺帽的时候，附在法兰盘的灰尘会落入眼睛
◎	4	**踮着脚拧螺帽的时候，会失去平衡摔倒在地上**
○	5	油桶上有油，踩在上面脚滑，会摔倒在地
	6	爬上油桶的时候，往上抬的脚一滑，小腿会碰在油桶边上，受伤
◎	7	**会有叉车从左侧通道出来，将油桶撞倒在地，维修人员会摔倒**
○	8	修理结束后，维修人员从油桶上跳下来，会扭伤脚

第三阶段 树立对策（我们这么做）

◎序号	※重点	具 体 措 施
4		使用坐在上面就可以拧螺丝帽的梯凳
		使用长手柄的扳手或套筒扳手
7		用围栏或者绳子将作业区域围起来并设立禁止通行标志
		有人在旁边看守

第四阶段 设定目标（团队行动目标）

行动目标	
手指口述	
小组签名	小组长： 组员：

5. 树立对策练习卡——交叉作业

危险活动卡片		车间	工务科
		线（系）	物流班
作业项目	机动叉车与地牛车交叉作业	1. 常规作业 2. 正常维修作业 3. 交叉作业 4. 抢修抢险作业	

第一阶段　把握现状（找潜在危险）

第二阶段　追究本质（确定重要危险点）

○◎	序号	说出并记录作业、致害物及伤害现象（事故类型）
◎	1	**叉车倒车时，撞到正在作业的地牛车操作者**
○	2	叉车倒车时，撞到地牛车上的工件，工件倾倒砸伤地牛车操作者
	3	叉车倒车时，撞倒工件，工件砸伤人
◎	4	**叉车运行速度太快，撞倒地牛车操作者**
	5	叉车运行速度太快，工件掉落砸伤人
○	6	地牛车操作者倒车时，与正在运行的叉车碰到一起，地牛车操作者受伤
	7	地牛车码放部件过高，部件掉落伤人

第三阶段　树立对策（我们这么做）

◎序号	※重点	具　体　措　施
1		叉车司机确认周围人员位置，优先人员通行
		叉车倒车时要开启蜂鸣器、报警灯
		地牛车操作者在作业通道上要树立警示标志
4		地牛车操作者在作业通道上要树立警示标志
		叉车司机在车间通道上行驶速度控制在 10 千米/时

第四阶段　设定目标（团队行动目标）

行动目标		
手指口述		
小组签名	小组长：	组员：

6. 树立对策练习卡——抢修抢险作业

<table>
<tr><td colspan="2" rowspan="2">危险预知卡片</td><td>车间</td><td>工务科</td></tr>
<tr><td>线（系）</td><td>物流班</td></tr>
<tr><td>作业项目</td><td>母线排短路
抢修作业</td><td colspan="2">1. 常规作业　2. 正常维修作业
3. 交叉作业　4. <u>抢修抢险作业</u></td></tr>
<tr><td colspan="4">第一阶段　把握现状（找潜在危险）</td></tr>
<tr><td colspan="4">第二阶段　追究本质（确定重要危险点）</td></tr>
<tr><td>○◎</td><td>序号</td><td colspan="2">说出并记录作业、致害物及伤害现象（事故类型）</td></tr>
<tr><td>◎</td><td>1</td><td colspan="2">一项线路同时连接三条电缆，一条电缆两端未接在同一相上，短路触电</td></tr>
<tr><td></td><td>2</td><td colspan="2">维修人员在行车轨道上用绳子传递工具或材料，工具或材料掉落砸伤人</td></tr>
<tr><td></td><td>3</td><td colspan="2">电源侧作业，进线母线带电作业，人员易触电</td></tr>
<tr><td></td><td>4</td><td colspan="2">夜间作业并且车间停电，应急灯光照不足，作业人员滑倒摔伤</td></tr>
<tr><td>○</td><td>5</td><td colspan="2">作业完成，工具遗落在现场，送电时造成短路或维修人员触电</td></tr>
<tr><td>○</td><td>6</td><td colspan="2">送电时，有的作业人员未撤离现场，造成触电</td></tr>
<tr><td>○</td><td>7</td><td colspan="2">维修人员在行车轨道上作业，易发生高处坠落</td></tr>
<tr><td colspan="4">第三阶段　树立对策（我们这么做）</td></tr>
<tr><td>◎序号</td><td>※重点</td><td colspan="2">具　体　措　施</td></tr>
<tr><td rowspan="3">1</td><td></td><td colspan="2">每条电缆两端用同颜色塑料绳作标志</td></tr>
<tr><td></td><td colspan="2">电缆标志与母线颜色相同，每种颜色的电缆三条</td></tr>
<tr><td>※</td><td colspan="2"><u>电缆与母线连接时，黄色接黄色、绿色接绿色、红色接红色</u></td></tr>
<tr><td colspan="4">第四阶段　设定目标（团队行动目标）</td></tr>
<tr><td>行动目标</td><td colspan="3"></td></tr>
<tr><td>手指口述</td><td colspan="3"></td></tr>
<tr><td>小组签名</td><td colspan="3">小组长：　　　　　组员：</td></tr>
</table>

八、危险预知实施方法步骤四——设定目标

1. 目标（重点实施项目）要点

（1）有必要立刻实施的事项。

（2）无论什么情况必须要做的事项。

2. 设定目标：我们是这样做的

围绕危险预知实施方法步骤三“树立对策”的多种对策，每人选择最重要的一个目标（重点实施项目）展开讨论：要是我怎么办？要是你怎么办？然后，归纳出小组的目标（重点实施项目），不超过2项，标上“※”并作下划线（我们“要如何具体地去做”，以确立前进的目标）。

3. 行动目标

1）OK名词解释

OK是一个非正式的口语化的词。意思是好的，可以接受的，也可以表示赞同、同意，还可以表示好、对、行等。OK又可以写成okay或者O. K.，发音一样。它也是世界知名度最高的一个英文单词。

2）行动目标填写要点

将标上“※”并作下划线的项目照抄一遍放到“行动目标”一栏，每项重点实施项目前面加一个“要”字，项目的结尾加“OK!”（OK在这里表示对或者确认的意思）。

4. 常见事故伤害设定目标示例——电气焊作业火灾设定目标

第三阶段　树立对策（我们这么做）

序　号	重　点	具　体　措　施
X （火灾）	※	配备灭火器或消防水桶
		准备动火作业标语
		专人监护
	※	用围栏或绳子将作业现场围起来，并设立禁止通行标志
		穿戴好劳动保护用品

（续）

第四阶段 设定目标（团队行动目标）	
行动目标	要配备灭火器或消防水桶，OK！要用围栏或绳子将作业现场围起来，并设立禁止通行标志，OK！
手指口述	

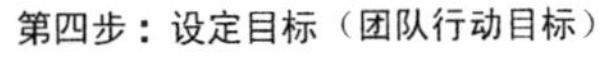

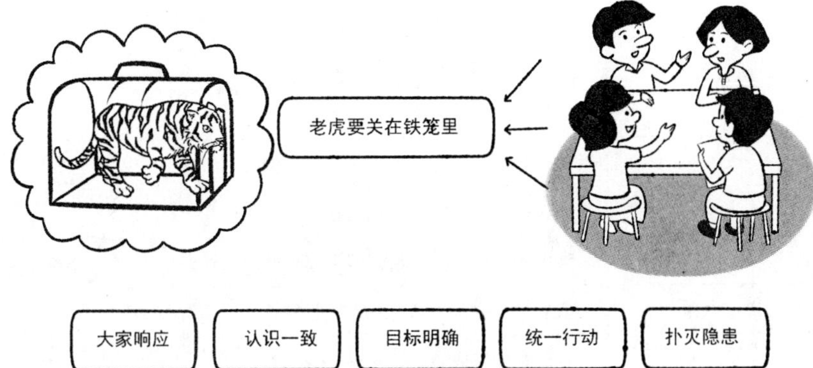

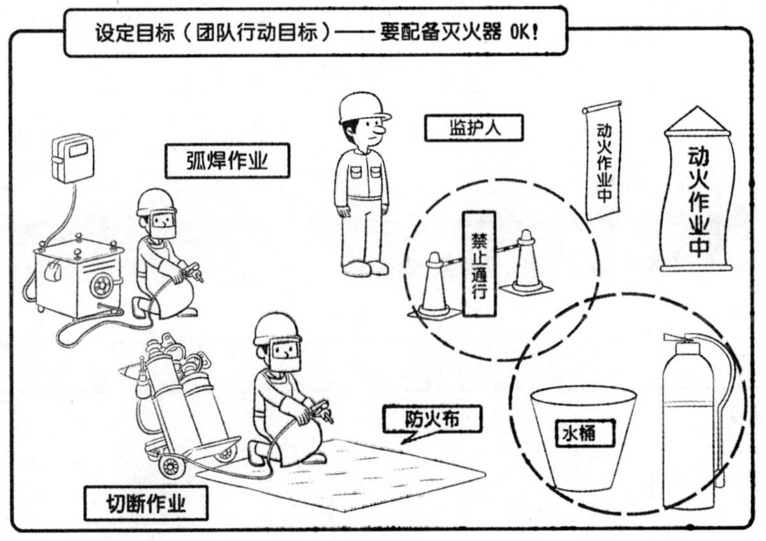

5. 设定目标练习卡——常规作业

危险预知卡片		车间	组装班
		线（系）	A（线）
作业项目	汽车轮胎装配作业	1. 常规作业　2. 正常维修作业 3. 交叉作业　4. 抢修抢险作业	

第一阶段　把握现状（找潜在危险）

第二阶段　追究本质（确定重要危险点）

○◎	序号	说出并记录作业、致害物及伤害现象（事故类型）
○	1	搬运轮胎时，轮胎脱落砸到脚
	2	安装轮胎时，扳手脱手打到手
○	3	搬运轮胎过程中，地面光滑易摔倒
	4	搬运轮胎时，轮胎较重易扭腰
◎	5	**装配轮胎时，螺栓溢扣，戴手套用气动工具套扣时，手套被卷入伤手**
	6	安装过程中，现场地板上气管较长绊倒摔伤人
	7	轮胎装配完成后，返回时车身碰到头

第三阶段　树立对策（我们这么做）

◎序号	※重点	具　体　措　施
5	※	**用气动工具套扣时，摘掉手套**
		选用长柄丝锥

第四阶段　设定目标（团队行动目标）

行动目标	**用气动工具套扣时，要摘掉手套，OK!**
手指口述	
小组签名	小组长：　　　　　　组员：

6. 设定目标练习卡——正常维修作业

<table>
<tr><td colspan="2" rowspan="2">危险预知卡片</td><td>车间</td><td>设备科</td></tr>
<tr><td>线（系）</td><td>维修班</td></tr>
<tr><td>作业项目</td><td>维修排水管作业</td><td colspan="2">1. 常规作业　<u>2. 正常维修作业</u>
3. 交叉作业　4. 抢修抢险作业</td></tr>
<tr><td colspan="4">第一阶段　把握现状（找潜在危险）</td></tr>
<tr><td colspan="4">第二阶段　追究本质（确定重要危险点）</td></tr>
<tr><td>○◎</td><td>序号</td><td colspan="2">说出并记录作业、致害物及伤害现象（事故类型）</td></tr>
<tr><td>○</td><td>1</td><td colspan="2">拧螺帽的时候，会拧空失去平衡摔下来</td></tr>
<tr><td></td><td>2</td><td colspan="2">拧螺帽的时候，扳手会脱手砸到脸</td></tr>
<tr><td>○</td><td>3</td><td colspan="2">拧螺帽的时候，附在法兰盘的灰尘会落入眼睛</td></tr>
<tr><td>◎</td><td>4</td><td colspan="2"><u>踮着脚拧螺帽的时候，会失去平衡摔倒在地</u></td></tr>
<tr><td>○</td><td>5</td><td colspan="2">油桶上有油，踩在上面脚滑，会摔倒在地</td></tr>
<tr><td></td><td>6</td><td colspan="2">爬上油桶的时候，往上抬的脚一滑，小腿会碰在油桶边上，受伤</td></tr>
<tr><td>◎</td><td>7</td><td colspan="2"><u>会有叉车从左侧通道出来，将油桶撞倒在地，维修人员会摔倒</u></td></tr>
<tr><td>○</td><td>8</td><td colspan="2">修理结束后，维修人员从油桶上跳下来，会扭伤脚</td></tr>
<tr><td colspan="4">第三阶段　树立对策（我们这么做）</td></tr>
<tr><td>◎序号</td><td>※重点</td><td colspan="2">具　体　措　施</td></tr>
<tr><td rowspan="3">4</td><td>※</td><td colspan="2"><u>使用坐在上面就可以拧螺丝帽的梯凳</u></td></tr>
<tr><td></td><td colspan="2">使用长手柄的扳手或套筒扳手</td></tr>
<tr><td></td><td colspan="2"></td></tr>
<tr><td rowspan="3">7</td><td>※</td><td colspan="2"><u>用围栏或者绳子将作业区域围起来并设立禁止通行标志</u></td></tr>
<tr><td></td><td colspan="2">有人在旁边看守</td></tr>
<tr><td></td><td colspan="2"></td></tr>
<tr><td colspan="4">第四阶段　设定目标（团队行动目标）</td></tr>
<tr><td>行动目标</td><td colspan="3">要使用坐在上面就可以拧螺丝帽的梯凳，OK！要用围栏或者绳子将作业区域围起来并设立禁止通行标志，OK！</td></tr>
<tr><td>手指口述</td><td colspan="3"></td></tr>
<tr><td>小组签名</td><td colspan="3">小组长：　　　　　　　组员：</td></tr>
</table>

7. 设定目标练习卡——交叉作业

危险预知卡片		车间	工务科
		线（系）	物流班
作业项目	机动叉车与地牛车交叉作业	1. 常规作业 2. 正常维修作业 3. 交叉作业 4. 抢修抢险作业	

第一阶段 把握现状（找潜在危险）

第二阶段 追究本质（确定重要危险点）

○◎	序号	说出并记录作业、致害物及伤害现象（事故类型）
◎	1	叉车倒车时，撞到正在作业的地牛车操作者
○	2	**叉车倒车时，撞到地牛车上的工件，工件倾倒砸伤地牛车操作者**
	3	叉车倒车时，撞倒工件，工件砸伤人
◎	4	**叉车运行速度太快，撞倒地牛车操作者**
	5	叉车运行速度太快，工件掉落砸伤人
○	6	地牛车操作者倒车时，与正在运行的叉车碰到一起，地牛车操作者受伤
	7	地牛车码放部件过高，部件掉落伤人

第三阶段 树立对策（我们这么做）

◎序号	※重点	具 体 措 施
1		叉车司机确认周围人员位置，优先人员通行
	※	**叉车倒车时开启蜂鸣器、报警灯**
		地牛车操作者在作业通道上要树立警示标志
4		地牛车操作者在作业通道上要树立警示标志
	※	**叉车司机在车间通道上行驶速度控制在10千米/时**

第四阶段 设定目标（团队行动目标）

行动目标	叉车倒车时要开启蜂鸣器、报警灯，OK！ 叉车司机在车间通道上行驶速度要控制在10千米/时，OK！
手指口述	
小组签名	小组长： 组员：

8. 设定目标练习卡——抢修抢险作业

<table>
<tr><td colspan="2" rowspan="2">危险预知卡片</td><td>车间</td><td>工务科</td></tr>
<tr><td>线（系）</td><td>物流班</td></tr>
<tr><td>作业项目</td><td>母线排短路抢修作业</td><td colspan="2">1. 常规作业　2. 正常维修作业
3. 交叉作业　4. <u>抢修抢险作业</u></td></tr>
<tr><td colspan="4">第一阶段　把握现状（找潜在危险）</td></tr>
<tr><td colspan="4">第二阶段　追究本质（确定重要危险点）</td></tr>
<tr><td>○◎</td><td>序号</td><td colspan="2">说出并记录作业、致害物及伤害现象（事故类型）</td></tr>
<tr><td>◎</td><td>1</td><td colspan="2">一项线路同时连接三条电缆，一条电缆两端未接在同一相上，短路触电</td></tr>
<tr><td></td><td>2</td><td colspan="2">维修人员在行车轨道上用绳子传递工具或材料，工具或材料掉落砸伤人</td></tr>
<tr><td></td><td>3</td><td colspan="2">电源侧作业，进线母线带电作业，人员易触电</td></tr>
<tr><td></td><td>4</td><td colspan="2">夜间作业并且车间停电，应急灯光照不足，作业人员滑倒摔伤</td></tr>
<tr><td>○</td><td>5</td><td colspan="2">作业完成，工具遗落在现场，送电时造成短路或维修人员触电</td></tr>
<tr><td>○</td><td>6</td><td colspan="2">送电时，有的作业人员未撤离现场，造成触电</td></tr>
<tr><td>○</td><td>7</td><td colspan="2">维修人员在行车轨道上作业，易发生高处坠落</td></tr>
<tr><td colspan="4">第三阶段　树立对策（我们这么做）</td></tr>
<tr><td>◎序号</td><td>※重点</td><td colspan="2">具　体　措　施</td></tr>
<tr><td rowspan="3">1</td><td></td><td colspan="2">每条电缆两端用同颜色塑料绳作标志</td></tr>
<tr><td></td><td colspan="2">电缆标志与母线颜色相同，每种颜色的电缆三条</td></tr>
<tr><td>※</td><td colspan="2"><u>电缆与母线连接时，黄色接黄色、绿色接绿色、红色接红色</u></td></tr>
<tr><td colspan="4">第四阶段　设定目标（团队行动目标）</td></tr>
<tr><td>行动目标</td><td colspan="3">电缆与母线连接时，要黄色接黄色、绿色接绿色、红色接红色，OK！</td></tr>
<tr><td>手指口述</td><td colspan="3"></td></tr>
<tr><td>小组签名</td><td colspan="3">小组长：　　　　　　组员：</td></tr>
</table>

九、自问自答危险预知

1. 自问自答危险预知的方法

我的脑中好像有三种人格，一个是真正的我，另外两个是我虚拟出来的。一个总是把事往好的方面想，另一个总是往坏的方面想。遇到问题或者危险，真正的我就会参考他们的想法，其实也就是我自己的想法，只不过改变一下思考的模式。

每当遇到危险需要我们做出一个决定的时候，脑中就会问自己，这样会有危险吗？得到两个回答，又各自做出解释，我衡量过后，采取了其中一方的相对风险比较小的做法。有句话叫“当局者迷，旁观者清”，自己是无法做旁观者的，如果脑中一直有这么两个有着固定思考模式的冷静的我在提醒着我，那必定事半功倍。这就是古人说的三思而后行。

假借“三思而后行”就有了“自问自答”危险预知。

2. “自问自答”与集体讨论的危险预知主要区别

“自问自答”与集体讨论的危险预知展开的步骤大同小异，主要的不同是第一阶段的把握现状，采用设问的方式。

所谓“设问”就是为了引起操作者的注意和思考，先故意提出危险，然后回答。也就是我们常说的明知故问，自问自答。

例如：会不会发生火灾？焊接过程中产生火花，引燃可燃物会发生火灾。

会不会发生触电？电焊机接线时，一次线和二次线裸露会造成触电。

“自问自答”危险预知的优点是简单、实用，缺点是设问时容易将主要危险丢掉，因为事故有 20 类，设问不可能一一都问到。这就需要各单位安全员给予辅导。

自问自答与集体讨论危险预知区别一览表

项　　目	自问自答危险预知	集体讨论危险预知
潜在危险描述	设问句	作业方式+致害物+事故类型
作业类型	单人或简单作业	多人配合完成的作业
追究本质	1项	1~2项
树立对策	可省略	1~3项
设定目标	1项	1~2项

坡道驾驶尾随一辆装满混凝土废料的卡车

坡道驾驶尾随一辆装满混凝土废料的卡车危险预知填写卡

1R　自问自答卡	◎货车上坡时，因为换挡减速，躲避不及撞上。
1. 会不会撞上？	→因为货车突然减速,为了躲避往左边靠,超出了中间线,跟对面车撞上。 因为货车减速了，为了超过货车，超车过程中跟对面来的车撞上。
2. 会不会碰上？	→为了躲避减速的货车，向右边靠，擦上了防护栏。 为超车靠左侧的时候，被从后边追上来的车撞上。
3. 会不会被卷入？	→无
4. 会不会追尾？	→因为货车突然减速，为了避免碰撞而踩刹车的时候，被后面的车撞上。
5. 有没有其他的？	→上坡时,货车上的废材料抖动洒落在路面上,来不及躲避,被砸或轧过去。

2R 危险要点（这是危险的要点，最后提炼出一条）货车上坡时因为突然换挡减速，躲避不及撞上。

3R（省略填入）

4R 重点实施项目（针对危险要点要做什么？抽取一条）

（小组的）行动目标把…做…会…，OK！

在坡路上尾随一辆卡车的时候要保持30米距离OK！

确认手指口述项目

与前车保持30米距离，OK！

异常处置作业危险预知卡片编制

一、异常处置基本概念

1. 何为“异常”

“异常”可理解为与平时不一样，好像有什么不对劲（觉得怪怪的），即 L. S（Look at Strange），或应该做到而没有做到，不应该发生而发生，即维持活动发生了问题，实际与管制基准有差距。

2. 异常的种类

（1）处理机械设备发生动作不良的作业。

（2）解决材料、工件等卡住了的作业。

（3）修理质量不良、组装不良部件的作业。

（4）处理由作业延时等引起的常规作业以外的作业等。

3. 异常处置

异常处置也称为异常管理，是指为使结果能保持在稳定的状态中，于实际管理过程中，对所发生、发现的各种异常进行分析、处置的整个过程。处理方法可分为应急措施和防止再发两大部分。

（1）应急措施：发现异常时，迅速除去异常现象，使其恢复原状。消除异常现象，紧急应变，所做调整为临时性措施。

（2）防止再发：采取应急措施恢复原状后，为使今后长期不再发生同样事故所采取的改善措施。消除异常真因，使其不重复发生。

某变速箱有限公司异常处置事故

2010 年 3 月 5 日 13：30 左右，轴二作业部齿二班一台内孔磨床设备出现异常不能正常工作，操作工刘 × 停止设备后，将情况报告班长吴 ×。班长让其填维修工票送到设备维修班，并将设备调到调整状态，准备检查。刘 × 送维修工票返回设备后，重新启动设备，想简单处理故障，此时班长吴 × 正在设备背后检查皮带，电机突然转动，将其右手轧伤。

主要启示：

（1）操作工刘×不具备维修设备能力，在设备出现异常并停机后，擅自开机，做了自己不该做的事情；同时开机前未对周围环境做有效安全确认。

（2）在异常发生后，班长未与刘×做好信息交流便直接到设备后方进行检查，且在检查过程中未明示设备检修。

（3）其他原因（略）。

某变速箱有限公司异常处置事故案例

异常处置作业三原则

1. 85%的安全事故发生在异常处置时

历年来，不论安全事故还是品质事故，85%以上都是在出现异常时，没有按照异常处理的流程去处理或者处理的方法不对所造成的，最主要原因是主管和操作者对异常管理、处理观念意识薄弱、责任心不强、知识不足、处事的态度不端正、不积极等。

2.异常处置作业三原则

（1）按照异常处置作业步骤进行。

（2）没有异常处置资格的人不得进行处置，要与上司、指定负责人或安全员联系。

（3）操作者发现异常应遵守基本步骤：停（停止）、呼（呼叫）、等（等待）。

二、异常处置作业对策

异常处置作业过程中，为确保安全有三种做法：编制异常处置作业安全规则、编制异常处置作业卡、编制异常处置危险预知卡片。

从这我们也可以看到，危险预知不只是4R一种形式，异常处置作业安全规则以及异常处置作业卡就是危险预知的另外一种表现形式。

1. 编制异常处置作业安全规则

（1）管理监督者（生产现场班长、系长、科长等）异常处置作业规则。

（2）指名人员异常处置规则。

（3）协同作业异常处置规则。

（4）指名人员单独作业规则。

（5）检修作业安全规则。

（6）师带徒（机器人）作业安全规则。

2. 编制异常处置作业卡

（1）作业步骤：整理异常处置作业记录，将异常处置作业按步骤分解。

（2）安全注意要点：由现场操作者、车间安全员及现场管理者对异常处置作业研讨，找出异常处置作业中的主要危险点。

（3）使用的工具及操作方法。

（4）手指口述。

（5）不遵守会有什么危险。

3. 编制异常处置危险预知卡片

（1）危险预知包括异常处置作业内容。

示例：汽车车门组装异常处置。汽车车门组装过程中，有时螺纹出现滥扣现象，需要操作者用丝锥重新套扣。

异常处置作业单一，处置相对简单，这种情况下，在常规作业危险预知的现状把握中要有异常处置作业及潜在危险，一般情况下是主要危险。

（2）针对异常处置作业专门编制危险预知卡片。

示例：连铸事故坯异常处置。连铸坯一般情况下是自动定尺切割。但遇到设备故障，或者材料问题等，出现事故坯的时候就需要人工切割。

异常处置作业相对复杂并且没有异常处置要领书的情况下，就要以异常处置为对象专门编制危险预知卡片。

三、示例

(一) 异常处置作业安全规则（以丰田公司为例）

1. 管理监督者（生产现场班长、系长、科长等）

1）管理方面的重点

(1) 掌握所有异常情况。

(2) 计划性地实施防止异常再次发生的措施。

(3) 确实亲自关闭设备。

(4) 禁止自发性的共同作业。

(5) 共同作业时应确定指挥员。

(6) 必须向全体作业人员发出再启动的口令。

2）选择处理异常的操作员

(1) 确认异常处置作业项目。

> 禁止非指名人员进行需要将身体的全部或一部分进入动力运转设备内部的异常处置的作业。

(2) 由科长确定异常处置作业指名人员。

(3) 异常处置作业指名人员的条件（应同时满足以下三个条件）：

① 具有指名业务（专业）资格。

② 具有负责的设备的实际技术培训的合格证书。

③ 具有能够保证安全并能妥善处理异常的能力。

3）异常处置作业指名人员的注意事项

(1) 明确指示作业范围（如变更作业范围则取消指名人员异常处置资格）。

(2) 对指名人员进行认真的培训。

(3) 准备并确认必要的工具、标识、劳动保护用品等。

4）非异常处置作业指名人员的注意事项

(1) 向非异常处置作业指名人员讲明具体异常处置的种类。

（2）说明由谁负责处理异常。

（3）透彻地向非指名人员说明异常处置的程序——停（停止）、呼（呼叫）、等（等待）。

（4）透彻地说明不能做的事项。

2. 指名人员异常处置规则

1）指名人员异常处置作业中的职责

（1）遵守安全规则，应该预知每个作业步骤的危险，有针对性地采取对策后再实施作业。

（2）向保全（设备修理）等部门提供设备故障情况的同时，积极参与策划异常不再发生的改善活动。

不只是简单地处理异常，还要积极建议采取防止异常再次发生的解决对策。

（3）推进防止异常发生的解决措施。

采取检修、给油、调整、清扫等措施。

2）非指名作业人员（报告者）的注意事项

（1）叮嘱不要任意帮助作业。

（2）叮嘱即使设备再出现相同的异常情况，也不要自行解决。

3）处理异常时的规则

（1）只进行规定范围内的异常处置作业，并且要明确检查设备的动作范围。

（2）检查手脚的位置是否处于设备动作范围之外。

（3）在设备的动作范围之外使用工具处理异常。

（4）如果必须在设备的动作范围之内进行异常处置作业，必须亲自关闭电源，并且要检查确认设备是否已经停机（手指口述：设备已停机挂牌，OK!）。

（5）应采取防止他人误启动设备的措施（例：实施上锁挂牌措施）。

（6）再启动设备时应实施手指口述。

（7）共同作业时，应选派指挥员并按指挥员的指示进行作业。

4）防止异常的再次发生

（1）向上级领导报告异常的部位及具体情况，并与保全部门进行联系。

(2）提出防止异常再次发生的解决方法的建议。

3. 指名人员单独作业规则

1）发现异常

根据光电显示或联络发现异常。

2）异常的确认

仔细检查设备的状态，如显示灯、各个装置的位置等。

3）处理异常的规则

(1）单机操作，在设备动作范围外，处理异常。

(2）不得已进入设备内处理异常时，必须亲自关闭设备，并实施安全措施（包括紧急停止、安全锁、释放残压等)。

(3）应采取防止他人误启动设备的措施：

① 随身携带安全销（钥匙)，如冲压设备应设置安全栓。

② 实施上锁挂牌措施。

(4）进入设备之前检查设备是否已经完全停止了，如上下式门要插入挡块、插销等。

(5）指导非指名人员不要任意帮助进行解决异常情况的作业。

(6）非常注意工件、刃具、工具、保护用具、安全装置、重物的操作，发现异常及时采取异常处理措施。

4）设备再启动

(1）联系共同作业人员并发出口令，同时确认有关人员是否已经离开设备。

(2）解除锁定措施。

(3）缓慢地打开用气设备的总阀门（防止突然飞出去)，打开启动设备，再次运行设备。

(4）向非指名人员说明即使设备再出现相同的异常情况也不要自行解决。

4. 协同作业异常处置规则

1）基本规则

(1）2人以上共同作业时，必须确定共同作业的指挥者（简称指挥员)。

(2) 指挥员应佩戴规定的袖标或戴上表明指挥员身份的标签。指挥员要起到监督、指挥所有工作的作用。

(3) 所有操作人员要根据指挥员的指示和口令进行作业，不要做指示以外的作业（一切行动听指挥）。

(4) 工作过程中如需其他人员加入，必须有指挥员的许可。

2) 作业指示的重点

作业指示的重点一览表

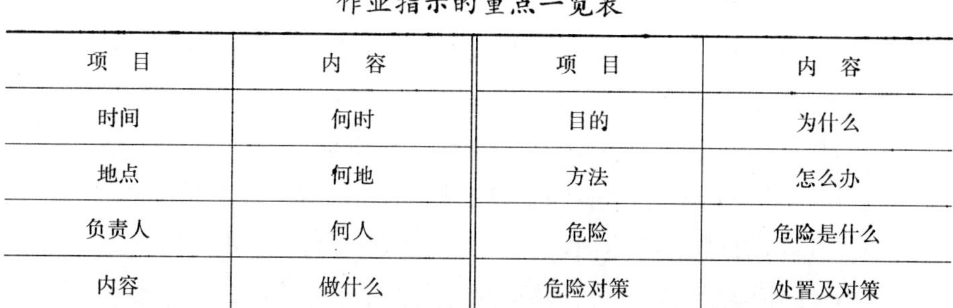

项　目	内　容	项　目	内　容
时间	何时	目的	为什么
地点	何地	方法	怎么办
负责人	何人	危险	危险是什么
内容	做什么	危险对策	处置及对策

向共同作业者提问一些重要问题以便了解、确认其理解程度。

3) 作业前的工作要点

(1) 检查作业现场所有的工具、标志等。

(2) 指名人员关闭有异常的设备，并随身携带该设备的钥匙、开关等。

(3) 指挥员要检查设备的安全锁锁定情况。

4) 作业中的工作要点

(1) 指挥员要站在与所有人都能联系的位置。

(2) 指挥员应使用规定的口令，进行简明的指示，作业人员也应作清楚无误地应答。

(3) 指挥员监督作业的进展情况，若有不安全的情况或行为，应给予指正。

(4) 指挥员应防止他人闯入。

(5) 指挥员若有不得已要离开指挥现场的情况，应找代理执行人员，交给代理执行人员袖章，认真地交代作业内容后，才可以离开现场。

（6）操作者按指示完成所有的作业后，应检查是否有不妥之处，并向指挥员汇报。

5）设备再启动前的指挥员工作要点

（1）检查设备内部是否有人。

（2）发出规定的再启动口令。

（3）直接指示打开等。

5. 检修作业安全规则（例：在行车运行的危险范围内进行作业）

1）作业负责人和指挥员的管理要点

（1）作业前应向使用部门的班长、系长等说明作业的内容，使他们清楚作业暂时停机时间及其他可能对现场产生的影响等情况。

（2）作业前应实施停机（电）挂牌。在电源开关处上锁挂牌或挂上“禁止操作”的警示牌（电源不能关闭时要与车间安全员取得联系）。

（3）作业高度超过 2 米时，要挂上“高处作业进行中”的警示条幅。

2）行车使用部门的班长、系长的管理要点

（1）负责电源总开关。

（2）向有关人员说明作业内容并仔细说明注意事项。

3）手指口述

（1）除下述手指口述内容外，如有必要可事先商量增加手指口述的其他内容。

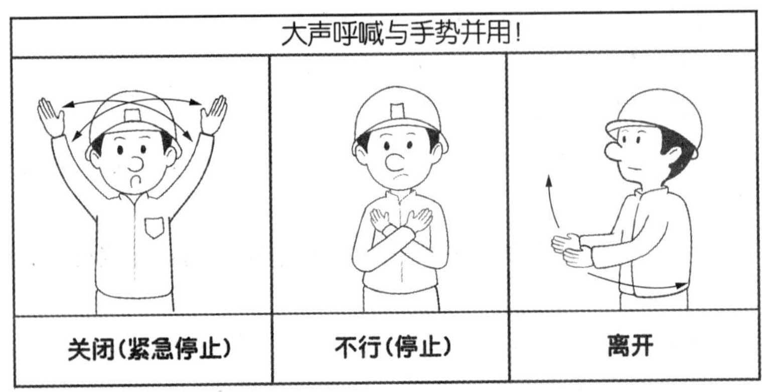

（2）共同作业时，打开、关闭电源开关或者打开、关闭阀门开关之前，指挥员应召集所有共同作业人员，认真说明注意事项和确认手指口述的内容。

6. 师带徒（机器人）作业安全规则

1）基本规则

（1）师带徒作业的教师（包括监督）由具有专业资格的人员并且是被选聘的人员担任。

（2）共同作业时要明确各自的职责：

① 决定指挥员，由指挥员决定监督员和其他人员的职能。

② 监督员要专心致志行使监督工作。

③ 其他人员应按指挥员的指挥进行作业，不得做指示外的作业。

（3）作业前应准备所需的工具及保护工具。

（4）操作开关时，要作手指口述。

（5）若发生异常，应立即停止作业并向班长、工段长（系长）汇报情况。

2）师带徒作业

（1）作业前。

① 作业前的点检：

在安全护栏内点检：在安全护栏内点检设备（机器人）应停机挂牌或采取上锁挂牌措施。

动作点检：确认安全护栏内没有人在进行作业；在安全护栏外点检。

② 检查开关是否已经设定成规定的状态：“模式〈教练〉”“速度〈300 mm/sec 以下〉”。

③ 关闭周边的设备。

④ 监督者应位于能够立即进行紧急停止的位置来观察操作者和设备（机器人）。

（2）师带徒作业内容。

① 由教师携带便携式插销。

② 教师要按规定的位置、姿势进行教习。尽可能在设备（机器人）的

动作范围外进行教习。面对设备（机器人）进行作业。

③ 按规定的口令（手指口述）操作，必须有应答。

④ 有异常动作时，应立即将设备（机器人）停下来。

⑤ 不做突然性动作。

⑥ 监督者应时刻关注设备（机器人）及操作人员，认为异常、危险时，应立即将设备（机器人）停下来。

⑦ 一边作业一边要时刻注意脚下情况。

(3) 监督者要检查师带徒的效果。

① 在安全护栏外对教习情况进行检查。必须在安全护栏内检查时，应在设备（机器人）可动作范围之外，并按教习速度实施检查。

② 检查是否按照教习步骤进行（静态检查）。让设备（机器人）动作之前，通过模拟显示装置来检查教习的效果。

③ 让设备（机器人）按作业步骤进行作业，并按作业步骤进行检查（动态检查）。低速进行“按作业步骤实施”。保持能够立即停止检查的姿势（将手放在急停开关上等）。

④ 检查“按作业步骤”作业，没有异常后，再自动运行一个循环，检查各个循环之间是否存在干涉。保持能够立即停止检查的姿势；应在安全护栏外进行检查；最初低速运行，然后慢慢提速。

(4) 师带徒流程的修改。

① 仔细检查修改的内容，并对共同作业的人员认真贯彻、说明修改的内容。

② 在标准化师带徒教程之前所实施的作业步骤，原则上都是“阶段性动作”。

③ 使用“循环重复”模式修改之前，必须检查安全护栏，确保没有人在安全护栏内。

④ 修改后要确认修改的效果。

⑤ 保存电子文档记录时，应准确无误地记录程序名、必要事项要点。

（二）异常处置作业卡——工件翻转拉伸（示例）

异常处置作业卡	异常处置作业名称		批准	
	86ST 工件翻转　拉伸		审核	
			编制	
班组名称	实施日期	修改日期	制定日期	文件编号
作业名称	设备名称	机器号	作业人员	具有处置资质人员
T/MC 机械加工	86ST 工件翻转		1. 王文江 2. 刘大海 3. 高玉山	1. 刘大海 2. 高玉山
工件翻转气缸 中途拉伸 工件保持 姿势不良，导向扩展			异常处置三原则	1. 按照异常处置作业步骤进行 2. 没有异常处置资格的人不得进行处置，要与上司、指定负责人或安全员联系 3. 遵守基本步骤——停、呼、等

序号	作业步骤	操作注意点	使用工具	危险因素	手指口述
1	用眼睛确认翻转拉伸				
2	按异常停止键			一翻转就夹手	按异常停止键，好！
3	用锤子卸掉姿势不良的工件	从工件下部开始，慢慢地、一点点地	塑料锤子	导向扭弹，尖部划手	
4	缓慢调整工件保持夹		六角扳手		
5	固定工件保持夹	从导向开始5毫米左右脱离	六角扳手		
6	解除异常停止按钮				
7	按运行准备按钮				
8	将工件翻转恢复初始化				返回原始位置，好！
9	按连续启动按钮				
行动要点	工件翻转异常时，按异常停止按钮，确认不再翻转之后，再作业！				

（三）异常处置危险预知卡片

在没有异常处置规范或者异常处置作业要领的情况下，就需要编制异常处置危险预知卡片。

1. 危险预知卡片覆盖异常处置作业过程中的主要危险

<table>
<tr><td colspan="2" rowspan="2">危险预知卡片
（示例）</td><td>车间</td><td>甲班</td></tr>
<tr><td>一分厂炼钢</td><td>铸坯场地</td></tr>
<tr><td>作业项目</td><td>铸坯下线作业</td><td colspan="2"><u>1. 常规作业</u>　2. 维修作业
3. 交叉作业　4. 抢修抢险作业</td></tr>
<tr><td colspan="4">第一阶段　把握现状（找潜在危险）</td></tr>
<tr><td colspan="4">第二阶段　追究本质（确定重要危险点）</td></tr>
<tr><td>○◎</td><td>序号</td><td colspan="2">说出并记录作业、致害物及伤害现象（事故类型）</td></tr>
<tr><td>○</td><td>1</td><td colspan="2">高温坯下线，人员靠得太近，易烫伤</td></tr>
<tr><td></td><td>2</td><td colspan="2">铸坯下线，现场有作业人员，撞伤</td></tr>
<tr><td>◎</td><td>3</td><td colspan="2"><u>铸坯下线途中，行车刹车故障，钢坯快速下滑撞击伤人</u></td></tr>
<tr><td></td><td>4</td><td colspan="2">行车指挥指挥行走途中被杂物绊倒</td></tr>
<tr><td>○</td><td>5</td><td colspan="2">下线堆放时，铸坯垛倾斜，铸坯滑落伤人</td></tr>
<tr><td></td><td>6</td><td colspan="2"></td></tr>
<tr><td></td><td>7</td><td colspan="2"></td></tr>
<tr><td></td><td>8</td><td colspan="2"></td></tr>
<tr><td colspan="4">第三阶段　树立对策（我们这么做）</td></tr>
<tr><td>◎序号</td><td>※重点</td><td colspan="2">具　体　措　施</td></tr>
<tr><td rowspan="3">3</td><td></td><td colspan="2">确认坯料下线现场没有人走动</td></tr>
<tr><td>※</td><td colspan="2"><u>行车指挥人员要距铸坯堆垛 5 米以上</u></td></tr>
<tr><td></td><td colspan="2">行车起吊运行过程中要鸣警示铃</td></tr>
<tr><td rowspan="3">5</td><td></td><td colspan="2"></td></tr>
<tr><td></td><td colspan="2"></td></tr>
<tr><td></td><td colspan="2"></td></tr>
<tr><td colspan="4">第四阶段　设定目标（团队行动目标）</td></tr>
<tr><td>行动目标</td><td colspan="3">行车指挥人员要距铸坯堆垛 5 米以上</td></tr>
<tr><td>手指口述</td><td colspan="3">行车指挥人员已距铸坯堆垛 5 米以上，OK!</td></tr>
<tr><td>小组签名</td><td colspan="3">小组长：张洪　　　　组员：李立成　徐洪波</td></tr>
</table>

2. 针对异常处置作业专门编制危险预知卡片——事故坯切割（示例）

<table>
<tr><td colspan="2" rowspan="2">危险预知卡片</td><td>车间</td><td>火切室</td></tr>
<tr><td>线（系）</td><td>甲班</td></tr>
<tr><td>作业项目</td><td>事故坯切割</td><td colspan="2"><u>1. 常规作业</u>　2. 正常维修作业
3. 交叉作业　4. 抢修抢险作业</td></tr>
<tr><td colspan="4">第一阶段　把握现状（找潜在危险）</td></tr>
<tr><td colspan="4">第二阶段　追究本质（确定重要危险点）</td></tr>
<tr><td>○◎</td><td>序号</td><td colspan="2">说出并记录作业、致害物及伤害现象（事故类型）</td></tr>
<tr><td>○</td><td>1</td><td colspan="2">在攀登存放架时，手没有抓稳，易摔下</td></tr>
<tr><td></td><td>2</td><td colspan="2">站在存放架处切割，脚移动时踏空，易掉落摔伤</td></tr>
<tr><td>○</td><td>3</td><td colspan="2">切割铸坯时，钢花飞溅到面部，造成灼烫</td></tr>
<tr><td></td><td>4</td><td colspan="2">割枪小，风阀漏气，火花溅到易着火</td></tr>
<tr><td>◎</td><td><u>5</u></td><td colspan="2"><u>在作业时，操作开关突然启动，铸坯向前移，身体易摔倒</u></td></tr>
<tr><td></td><td>6</td><td colspan="2">切割结束，人从上面跳下，脚易扭伤，易跌伤</td></tr>
<tr><td colspan="4">第三阶段　树立对策（我们这么做）</td></tr>
<tr><td>◎序号</td><td>※重点</td><td colspan="2">具　体　措　施</td></tr>
<tr><td rowspan="3">5</td><td>1</td><td colspan="2">在切割前准备一块可移动的板，搭放在两边存放架边上</td></tr>
<tr><td>※2</td><td colspan="2"><u>现场要有监护人</u></td></tr>
<tr><td>※3</td><td colspan="2">出现事故坯时要悬挂警示牌</td></tr>
<tr><td colspan="4">第四阶段　设定目标（团队行动目标）</td></tr>
<tr><td>行动目标</td><td colspan="3">现场要有监护人，OK！出现事故坯时，要悬挂警示牌，OK！</td></tr>
<tr><td>手指口述</td><td colspan="3">现场监护人已到位，OK！已悬挂警示牌，OK！</td></tr>
<tr><td>小组签名</td><td colspan="3">小组长：王磊　　　　　　　　组员：张成　刘波</td></tr>
</table>

伍

手指口述及其在危险预知中的应用

一、什么是手指口述

1. 手指口述的起源

手指口述安全确认法源自日本的“零事故战役”。日本在经济高速发展的同时，工作现场的死亡人数曾逐年增加，1961 年工作现场死亡人数达到 6700 多人。为了有效遏制这种局面，日本自 1973 年起开始推行“零事故战役”，旨在解决工作现场职业健康和安全问题，确保工人身心健康。实现工作现场“零事故”的具体方法之一就是手指口述安全确认法。通过 40 余年的努力，日本 2003 年工作场所死亡人数减至 1628 人。

2. 手指口述安全确认法

手指口述安全确认法，由于翻译的原因亦有不同的称谓，如指差呼、指差唤呼、指差呼唤、指差呼称、指差确认呼称、手指口述、呼唤应答等。它是利用生物学原理通过挥动手臂时肌肉产生的生物电与大声呼喊时咀嚼肌产生的生物电混合视觉、听觉，刺激大脑中枢神经，是现场人员通过心想、眼看、手指、口述一系列操作行为，做到行为规范、思想集中、自律统一。它能避免操作中因走神、粗心麻痹、精神恍惚、遗忘而产生的看错、听错、走错、做错等一系列错误，促进员工深思牢记安全操作规程及作业要领，是规范员工安全生产行为、落实安全措施、确保安全生产的有效管理模式。

3. 手指口述的具体做法

现场员工在操作过程中，眼睛紧紧注视着要加以确认的对象，同时用右手挥动手臂，对操作程序和安全规程做到边口述、边指、边操作，口随眼动、眼随心动、手随口动，以此进一步进行安全操作确认，形成一个安全识别、确认和操作的闭环流程。

①注视对象

②手指指出

③耳朵旁

④用力放下

一边对呼唤项目喊出“×××”，一边伸出右臂，用食指指定对象，凝视对象。

一边将右手抬至耳朵旁，一边思考并确认是否真的没问题。

肯定无误后，一边喊出“确认安全!”一边朝向对象用力把手放下。

③的“一边将右手抬至耳朵旁”是确认是否真的没问题的思考时间。

握拳
立起拳头

笔直地伸出食指

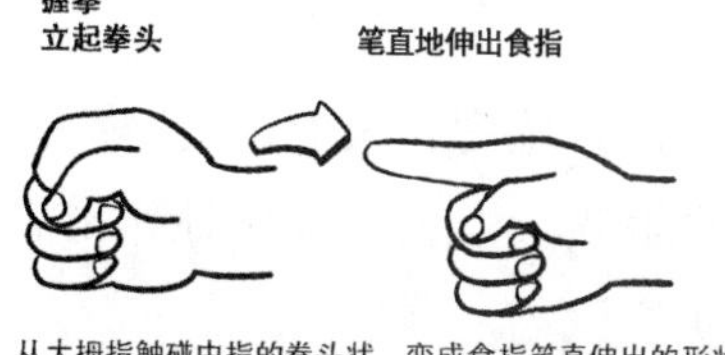

以敏捷的动作!

左手叉腰

挺直背脊

从大拇指触碰中指的拳头状，变成食指笔直伸出的形状。

“将动作牢记在心认真执行。” “以形式开始，以形式结束。”

手指口述标准动作

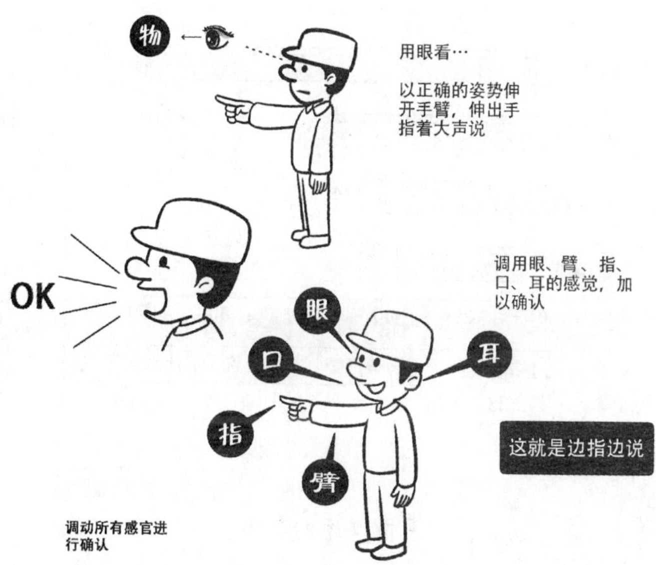

口随眼动、眼随心动、手随口动

二、手指口述的作用

(1) 集中操作者的注意力，促使操作者精神保持高度集中。

(2) 增强操作者的定力和稳定性，使操作者强制自己排除各种干扰。

(3) 快速启动作业，使操作者迅速进入作业状态，并把注意力稳定在作业状态。

(4) 强化对操作程序的记忆再现，增强作业的系统性、条理性及完整性。

(5) 实现记忆的清晰化，提高操作的精确度，减少误差、偏差。

(6) 严密、审慎地分析当前的作业状况，及时、准确地作出思考判断，进行正确的选择。

(7) 解决作业者对操作行为不自信和不放心的问题。

(8) 有利于对关键性操作或问题、错误多发点进行提醒。

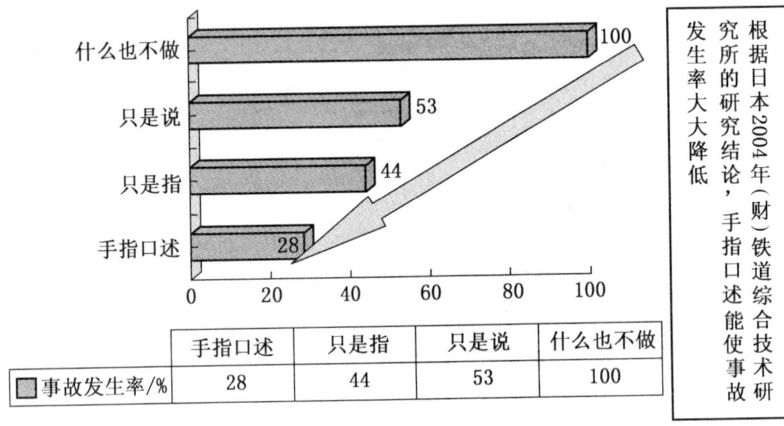

	手指口述	只是指	只是说	什么也不做
事故发生率/%	28	44	53	100

手指口述的作用

三、手指口述实施的场合

手指口述实施的场合

人的确认	物的确认
自己 1. 位置 与对象物的距离是否适当，周围有无危险 2. 姿势 头、胸、脚、腰等的位置是否适当 3. 服装 工作服、工作帽、纽扣、袖口等有何问题 4. 劳保用品 安全帽、安全帽的系带、安全带等是否佩戴 ……	1. 工具 扳子、锤子是否符合规定，有无破损 2. 劳保用品 安全帽、防护眼镜等是否合适 3. 仪器仪表 温度表、压力表等指示仪器和警报装置的状态 4. 设备的安全防护装置 机器设备上的完全固定、半固定密封罩，机器或电气的屏障，机器或设备的连锁装置 5. 机器的操作步骤 手柄是右旋还是左旋 6. 安全标识 危险品、有害物品、禁止入内、停止线 ……
同事 对方的位置、姿势、服装、信号等 ……	

气压 2.3 兆帕　OK!

在日本企业里进行安全巡回检查，不仅需要动腿、动眼，还要动手、动口、动脑。比如，对压力表上的刻度显示，不仅要看，还要左手撑腰，右手往前指，并且要大声喊出来："气压 2.3 兆帕，OK!"不仅自己喊，还要有人确认。有人问："气压是否为 2.3 兆帕?"就要有另一个人确认，然后根据情况作答："气压 2.3 兆帕，OK!"呼唤声此起彼伏，班班如此。这可不能说是形式主义，因为这种做法可刺激大脑细胞活动，集中注意力，减少安全管理错误概率，比"哑巴式"检查更接近本质安全。

四、手指口述的实践形式和类别

手指口述的三种实践形式

实践形式	含 义	目 标
指认呼唤	边指边说/指说	确保作业者在作业点安全无误的前提下推进作业而采取的措施
指认唱和	指认唱和/指喊	全体组员用手指着对象，跟着喊标语等进行确认，从而使步调一致，增强整体感、协作感
接触齐呼	边指边叫/指叫	通过手与身体的接触及指认唱和，进一步增强整体感，可在会议的开始和结束进行

手指口述的三种类别

类 别	实践形式	内 容
班前会手指口述	指认唱和	全体班组成员用手指着前方，跟着喊口号进行确认。例如“安全第一，OK!”
	接触齐呼	开工前通过手或身体的接触，进一步增强整体感，全组成员边指边喊：“先确认，再操作，OK!”
作业班中手指口述	指认呼唤	作业中手指口述的目的是确保作业者能够按照作业要点安全无误地操作，其特点是“边指边说”
交接班手指口述	指认呼唤 指认唱和	主要包括对作业现场的环境，使用的设备、机械器材、工具及作业操作质量进行安全确认，为下一班的操作安全打好坚实的基础

指认呼唤

指认唱和

接触齐呼常应用于研讨会、团队早会、团队晚会、实施操练开始和结束时，例如以组长的“OK”为信号，组员一起喊“OK”，常见类型有圆形、接触手、重叠手等。

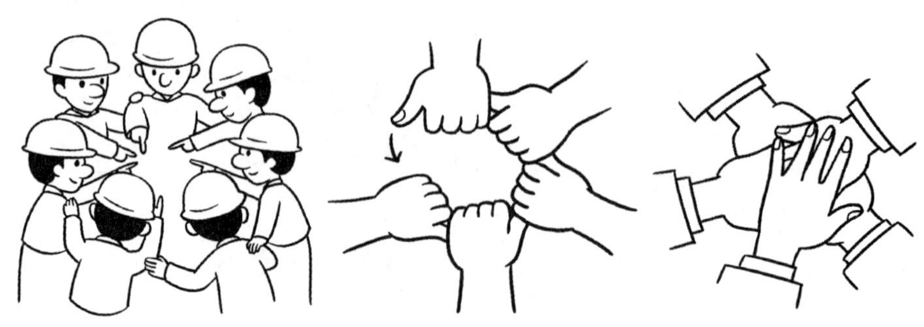

圆形　　　　接触手　　　　重叠手

接触齐呼

班前会手指口述

作业班中手指口述

交接班手指口述

五、手指口述在危险预知中的应用

80/20 法则告诉我们，一个人或者一个团队的时间和精力都是非常有限的，要想面面俱到把所有的事都做好几乎是不可能的，要学会合理分配时间和精力，重点突破。80% 的资源花在最危险的 20% 的项目上，这 20% 的项目又能带动管理其余 80% 的项目。

1. 手指口述在危险预知卡片追究本质中的应用

危险预知第一个重点是追究本质项目（1～2 项）。在作业之前，要由指挥者（或班组长）带领大家做手指口述，例如追究本质项目是“触电”，指挥者带头做一遍手指口述“触电是主要危险，OK!”，小组其他成员在组长带领下连喊三遍“触电是主要危险，OK!”，形式是指认唱和或者接触齐呼。

2. 手指口述在危险预知卡片设定目标中的应用

针对主要潜在危险设定的目标，例如针对触电，设定的目标是“要停电挂牌”。指挥者带头做一遍手指口述“要停电挂牌，OK!”，小组其他成员在组长带领下连喊三遍“要停电挂牌，OK!”，形式是指认唱和或者接触齐呼。

3. 手指口述在危险预知卡片手指口述项目中的应用

上述两项手指口述是指挥者（或班组长）带领大家做的，危险预知手指口述一般是一个人做的，例如“停电挂牌”，指挥者要分配操作者具体实施，操作者具体实施此项工作，停电挂牌完成后，要做手指口述“已停电挂牌，OK!”连喊三遍，形式是指认呼唤。

这里有一点要特别注意，不是所有的手指口述都是将设定目标中的“要”换成“已”这么简单，有些要视具体情况而定。

例如：危险预知卡片设定目标中手指口述是“要戴好煤气报警仪，OK!”手指口述就不能说：“煤气报警仪已佩戴好，OK!”而要说“一氧化碳 11 ppm＜24 ppm 可以工作，OK!”

手指口述的应用

手指口述在危险预知中的应用一览表

作业类型	作业特点	手指口述		
		项目	形式	内容（示例）
常规作业	循环往复、节拍时间	追究本质	指认呼唤、指认唱和	机械伤害是主要危险，OK！（冲压）
		设定目标	指认呼唤、指认唱和	要使用双手按钮，OK！
		手指口述	指认呼唤	已使用双手按钮，OK！
正常维修作业	一次性作业	追究本质	指认唱和、接触齐呼	触电是主要危险，OK！
		设定目标	指认唱和、接触齐呼	要停电挂牌，OK！
		手指口述	指认呼唤	已停电挂牌，OK！
交叉作业	平面交叉、立体交叉	追究本质	指认唱和、接触齐呼	高处坠落和物体打击是主要危险，OK！
		设定目标	指认唱和、接触齐呼	要系好安全带，要拉警戒线，OK！
		手指口述	指认呼唤	安全带已系好,OK！警戒线已拉好,OK！
抢修抢险作业	短时间、一次性、交叉作业	追究本质	指认唱和、接触齐呼	中毒窒息是主要危险，OK！
		设定目标	指认唱和、接触齐呼	要佩戴煤气报警仪，OK！ 要专人监护，OK！
		手指口述	指认呼唤	煤气 20 ppm＜24 ppm 可以工作，OK！ 专人监护已到位，OK！

互保联保及其在危险预知中的应用

一、安全生产“互保联保”制度

1. 安全生产“互保联保”制度的内容

安全生产“互保联保”制度是指在生产工作过程中实行“职工个人保班组，班组保车间，车间保企业”的安全生产管理制度。其最终目的就是要各级安全管理部门以及安全管理人员加强职工的安全知识教育，不断提高职工安全思想意识，增强自我安全防范意识，促使每一位职工在生产作业中都必须自觉严格遵守各项安全管理制度，规范自我作业安全行为，自觉做到“四不伤害”（不伤害自己、不伤害他人、不被他人伤害和保护他人不受伤害），形成安全生产管理人人有责，层层把关，全员互相监督的新格局，以促进生产现场安全管理，最终实现最大限度地防止、减少或杜绝各类事故发生的目标。

2. “互保联保”四原则

（1）互相提醒：发现对方不安全行为与不安全因素、可能发生意外情况时，要及时提醒纠正，重要工作或需要紧急对应时要做呼唤应答和确认。

（2）互相照顾：重要工作根据工作任务、操作对象合理分工，互相关心、互创条件。

（3）互相监督：重要工作实施互相监督，严格执行劳动防护用品穿戴标准，严格执行安全操作规程和有关制度。

（4）互相保证：保证对方安全生产（施工）作业，不发生人身事故。

白国周互助联保法

互助联保法主要包括集体上下班、相互观察、师徒连带。

集体上下班：入井、升井时，由班长举旗带队，全班人员列队到达工作面或升井到达地面，避免个人单独入井、升井时发生违章行为。

相互观察：针对施工过程中出现动态安全隐患的实际，要求全班每个人都能做到既是施工者，又是安检员，时刻注意观察工友身边的工作环境，并能做到相互提醒、相互帮忙、互助联保。

师徒连带：班里新工人拜老工人为师，签订师徒合同，结成一帮一对子。工作中，老工人带领新工人下井，传授相关安全技能，并对新工人进行帮助和约束。出现违章，师徒共同受到处罚；没有违章，且师傅所带新工人业务水平有明显提高的，对师傅进行奖励。

班里的人虽然都被白国周不留情面地批评过，却没有一个工友记恨他，更没有人因为挨了训跟他对着干。一提起班长白国周，班里的工友个个都很佩服、感激他。一位工友说："一个班里的工友就是亲兄弟，在井下，我们不仅要自保，更要互保、联保，在安全生产上如果班长不严、不管、不问，那才是对我们不负责任。"

二、安全生产“互保联保”在危险预知中的应用

现场无论从事什么作业，每一位员工都要有自我安全防范意识，必须自觉严格遵守各项安全管理制度，规范自我作业安全行为，自觉做到“四不伤害”。另外，作业中的各个岗位、个人、单位，尤其是相关方在企业中从事各种施工、设备抢修等作业，都要站在对方的角度考虑问题，为对方提供方便。这些事说起来容易，做起来还是有些难度的。往往在作业前缺乏对危险的分析，出了事故后推诿扯皮，相同事故重复发生。“互保联保”让现场作业的所有成员形成安全生产命运共同体，对解决上述这些问题行之有效。

危险预知卡片中的小组签名一栏，要求现场作业的每一位员工亲自签名，这样就形成动态的互保联保。例如，行车吊运模具作业中行车指挥、行车工、司索工分别在小组签名一栏签字后，就自动形成起重作业的互保联保关系。

安全生产“互保联保”对象一览表（示例）

作业类型	作业特点	互保联保	
		岗位 Ⅰ	岗位 Ⅱ
常规作业	上下工序之间	原料工	立磨工
	同岗位非同工种	行车工	行车指挥
	巡检作业	点巡检人员	设备的操作工
正常维修作业	同一工种	电工	电工
	不同工种	电工	钳工
		检修人员	设备操作者
	相关方施工作业	相关方员工	本单位相关人员
交叉作业	平面交叉	叉车	牵引车
	立体交叉	电工	电焊工
抢修抢险作业	时间短、任务重	专业抢修人员	责任单位相关人员

危险预知标准化

一、危险预知标准化基本概念

1. 标准化的含义

标准化简称 SDCA 循环，英文 Standardization Do Check Action Cycle，就是标准化维持，即“标准化、执行、检查、总结（调整）”模式，包括所有和改进过程相关的流程的更新（标准化），并使其平衡运行，然后检查过程，以确保其精确性，最后作出合理分析和调整使得过程能够满足愿望和要求，SDCA 循环——标准化维持的目的，就是标准化和稳定现有的流程。

创新改善与标准化是企业提升管理水平的两大轮子。PDCA 是使企业管理水平不断提升的驱动力，而 SDCA 则是防止企业管理水平下滑的制动力。

由于 SDCA 和 PDCA 的应用时机和领域不同，它们分别对应于开发的维持与改善两个方面，相辅相成，缺一不可。没有 PDCA 循环危险预知就只能坚持现有水平，不能取得突破和提高。没有 SDCA 循环改善危险预知，成果就得不到有效巩固。

2. 危险预知标准化的含义

危险预知标准化是“零事故”运动基本活动之一，是指将危险预知卡片中把握现状、追究本质、树立对策、设定目标中最佳的表述方式予以固定化、文件化；制定危险预知标准，而后依标准付诸行动并不断完善的过程则称之为危险预知标准化。

3. 制定危险预知标准化的要求

（1）目标指向：标准必须是面对目标的，即遵循标准一定能保证现场的安全作业。

（2）显示原因和现象：危险因素［表述：做……作业（作业方式）]+［表述：由于……原因（致害物）]+现象［导致……什么（事故类型）]。

（3）准确：要避免使用抽象语言，例如，“因为视线不好”，这样模糊的词语是不宜出现的，应为“因为叉车货物高度 2 米，挡住视线”。

（4）数量化具体：每个读标准的人必须能以相同的方式解释标准。为了达到这一点，标准中应该多使用图和数字。

（5）现实：标准必须是现实的，即可操作的。

（6）修订：标准在需要时必须修订。在作业现场，工作是按标准进行的，因此标准必须是最新的，是当时正确操作情况的反映。

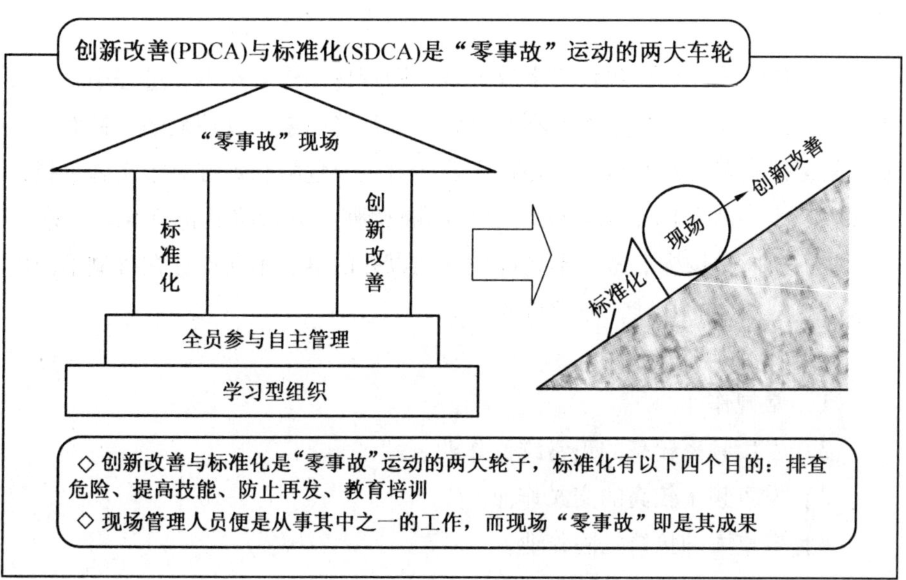

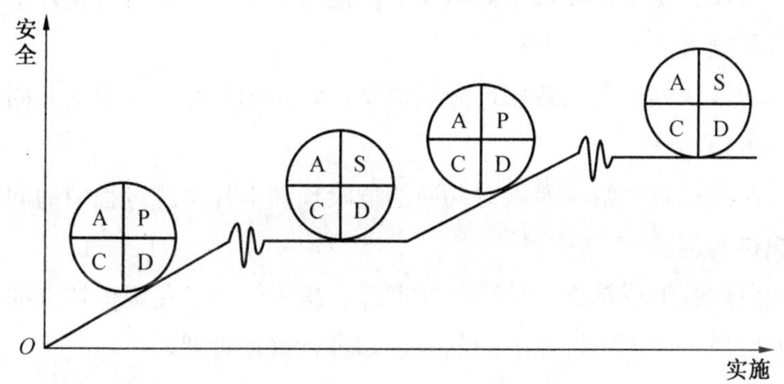

二、危险预知标准化的实施

1. 目的

依靠危险预知标准化杜绝事故灾害，即现场操作者在生产过程中，明确作业中人的不安全行为、物的不安全状态、环境因素、管理缺陷，针对主要危险制定并实施有效对策，另外在作业前对主要危险和关键对策实施手指口述，按“零事故”的要求对这个过程不断调整与分析将其标准化。要求参与作业的操作者按标准做，不允许做标准以外的事、不允许存在含糊不清的作业。这是安全的基础，非常重要！

2. 危险预知标准化的对象

（1）常规作业。

（2）发生频率较高的正常维修作业。

（3）发生频率较高的交叉作业。

（4）较重大的抢修抢险作业。

3. 危险预知标准化的实施步骤

第一阶段：每个作业班组对本作业的危险预知卡片进行自我评价，找出问题，自我完善。

第二阶段：四班两倒各横班分别提交危险预知卡片，与专家共同讨论形成共通的 KYT 卡片。

第三阶段；各班组及专家对共通的危险预知卡片实施过程中的问题进行对策组织再实施。

第四阶段：形成标准的危险预知卡片，报主管领导逐级审核批准。

第五阶段：各班组按标准的危险预知进行维持管理。

危险预知标准化统计表

单位：　　　　　　班组：　　　　　　时间：

序号	类　型	卡片数	现场实施数	标准化
	常规作业			
	正常维修作业			
	交叉作业			
	抢修抢险作业			

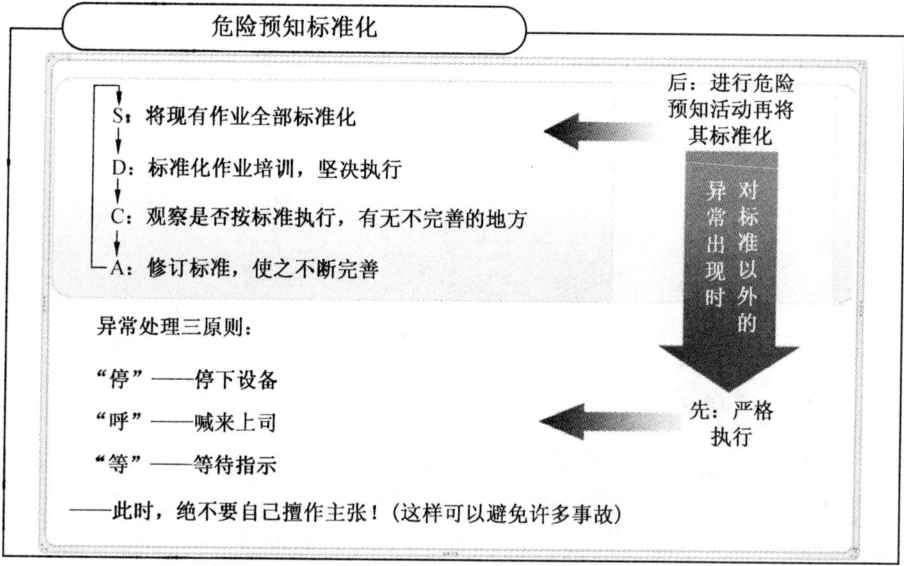

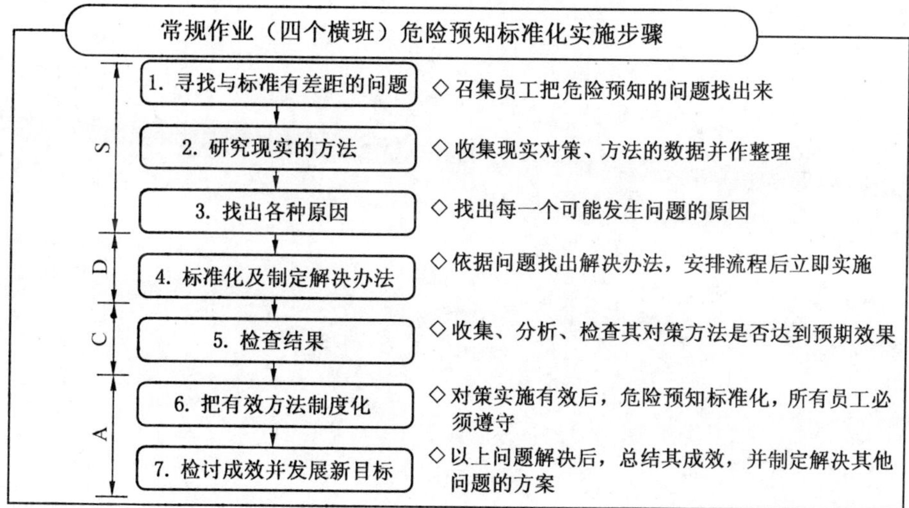